貓咪花色圖鑑

看懂超有趣的貓咪遺傳學！

淺羽 宏 著
蕭辰倢 譯

從不同以往的角度欣賞貓咪

在我們的生活周遭，居住著許多貓咪。毛色美麗、身形惹人憐愛、舉止充滿魅力、性格親人，貓咪的種種特性都令我們深深著迷，使這世間的愛貓人士與日俱增。書店裡擺著滿山滿谷的貓咪相關書籍，雜貨店裡也充斥著形形色色的貓咪主題商品。

每當我們看著貓咪，想必會立即注意到牠們的體型、毛色、花紋的特徵等處。造訪寵物店時，許多品種的貓咪皆標有昂貴售價，時而也會邂逅前所未見的顏色和花紋。然而，本書並不著重於探討那類高級華麗的貓咪，而想盡量將焦點放在生活於住家周遭、市鎮裡的普通貓咪身上。

貓咪的毛色和花紋會如何遺傳給後代，關於這點目前全球已經有過許多研究。結果告訴我們，貓咪的毛色和花紋，往往取決於相對單純的遺傳機制。只要能夠了解其遺傳機制，就能夠用不同以往的視角來欣賞貓咪。本書將提出一套全新的賞貓方式，盡力讓更多人了解貓咪的毛色與花紋，並體會其遺傳的趣味所在。

因此，我們會挑選出基礎的遺傳知識來敘述，不會過度探究專業性的內容。在野外相較少見的毛色和花紋，僅會針對其基因的作用做極少量的說明。至於更具有發展空

間的遺傳模式、分子生物學方面的最新消息，則請參閱本書最後的參考文獻等等。

由於貓咪的毛色和花紋有著各式各樣的稱呼方式，因此本書所介紹的貓咪毛色和花紋名稱，或許會異於各位讀者過往所熟悉的名稱。此外，未曾聽說過的毛色、花紋等相關論述，或許也會令讀者感到困惑。是以，我們將在第一部分的第8～9頁，先行統整其後所會探討的內容。如果各位讀者在讀到後續章節時，突然覺得「好像看不太懂」，請翻回該處確認。

期待各位在讀過本書之後，都能對貓咪的毛色與花紋的遺傳，產生哪怕些許的興趣，得以從稍微不同於「可愛」、「迷人」等角度的「科學眼光」來欣賞貓咪，享受箇中樂趣。

目錄

第一部分　入門篇

決定貓咪毛色和花紋的機制

貓咪具有許許多多的花色，究竟有著哪些類型呢？實際上，我們可以根據遺傳機制分類出幾種型態。在第一部分，我們將介紹貓毛和花色的類型，並簡單解說影響這些類型的基因。

每根毛的毛色

貓咪的毛色，主要可分成**白、黑、褐等三色**。這些顏色會產生各式各樣的組合，形成貓咪富有變化的毛色和花紋。實際上，貓咪還有其他各種毛色，例如整體呈灰色的貓咪；毛從前端開始的一半是黑色，根部則呈現白色的貓咪；褐色顯得極淡的貓咪……雖然有著許多突變（異於常者）的毛色，但基本上都是下列的①～④類，請各位先記在心中。

白色	**①白毛**	整根毛都呈現白色
黑色	**②黑毛**	整根毛都呈現黑色
	③刺鼠毛	顏色交錯，根部及前端為黑色，中間部分則為褐色
褐色	**④褐毛**	整根毛都呈現褐色

談談刺鼠毛

下方的照片是使用光學顯微鏡的穿透光來觀察虎斑貓的刺鼠毛。中心部分之所以看起來呈現黑色，並不是受到色素的影響，而是因為毛的內部（髓質層）形成了大量含有空氣的氣泡，變成蜂巢狀所致。

①是刺鼠毛的黑色部分。上下的部分（皮質層）形成了密集的黑色素。由於不易透光，看起來偏黑色。

②是刺鼠毛的淺褐色部分，可以看出上下的部分形成了稀疏的褐色素。

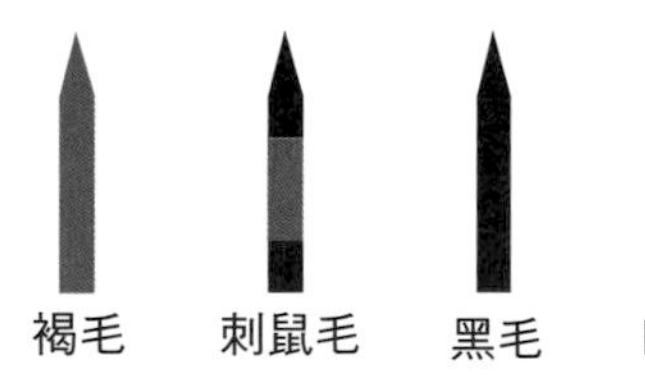
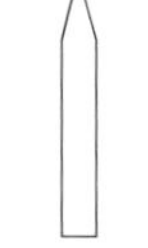

一根毛的主要顏色

上方圖示將在隨後的說明中出現，請先記住。

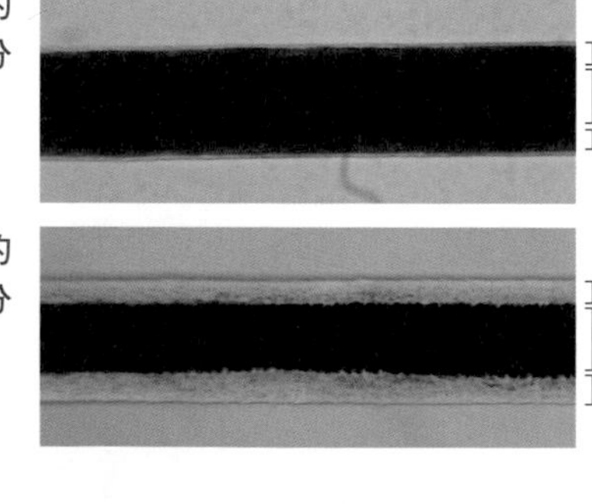

毛的顏色與配置會形成花色

當整隻貓呈現同一種顏色，往往僅取決於單一類型的毛色。一身白的貓咪僅擁有白毛，一身黑的貓咪僅擁有黑毛。

當一隻貓咪擁有刺鼠毛與褐毛時，牠的身上多半會出現**條紋花樣**。

此外，擁有褐毛、黑毛、刺鼠毛的貓咪身上，有時候身體的一部分也可能呈現白色。這是由於白毛部分（稱為「**斑塊**」）聚合成不規則的形狀，混入帶有顏色的部分所致。

讓我們想一想平常所穿的衣物布料。布料是由一根根的線編織、集合而成。這些線的顏色，以及採用何種配置方式，就會決定整塊布料的**花色**。

貓咪的情況也是一樣。大略來說，每根毛的顏色及配置會形成一個集合體，映入我們的眼中後，就會被我們當作一隻貓咪的「花色」，並以「三花貓」、「虎斑貓」等稱呼辨別他們。

故而，在分類貓咪的外觀時，有相當重要的兩點，如下：

- **每根毛的顏色**
- **整體的配置**

在後面的篇幅中，我們將利用這兩大要素來抽絲剝繭，逐步說明貓咪花色的形成機制。

在中美洲至南美洲的低地樹林和熱帶草原，居住著一種囓齒目刺豚鼠科的動物，名叫「刺豚鼠」（學名 *Agouti paca*）。其體長50～70 cm、體重約3～6 kg。「刺鼠毛」的稱呼就是源自此處。

除了貓咪之外，狸、白鼻心等許多種動物也都擁有刺鼠毛。

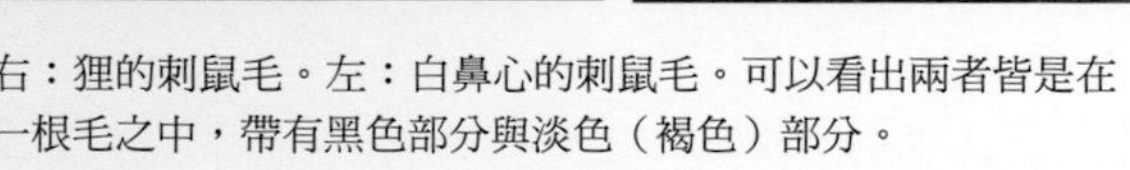

右：狸的刺鼠毛。左：白鼻心的刺鼠毛。可以看出兩者皆是在一根毛之中，帶有黑色部分與淡色（褐色）部分。

貓咪的主要花色（毛色與配置）

11種花色名稱

在日本野外常見的貓咪花色，若將未摻雜外來基因的主要花色按遺傳機制來分類，總共可以分成下述的**11種型態**。其後的篇幅，我們都會使用列於此處的名稱。這組標示相當方便，用一句話就能理解該隻貓咪的「**毛色與配置**」。剛開始或許有些難懂，但請務必熟悉這些詞語的使用方式。

虎斑

1 擁有接近野生類型的毛色和花紋

虎斑

接下來的篇幅，都會以這些名稱來表示貓咪的花色。

背景會呈現整個身體的毛色配置。

圓圈內會顯示每一根毛的顏色。

單色

2 全身白毛

白

3 全身黑毛

黑

4 全身褐毛

褐

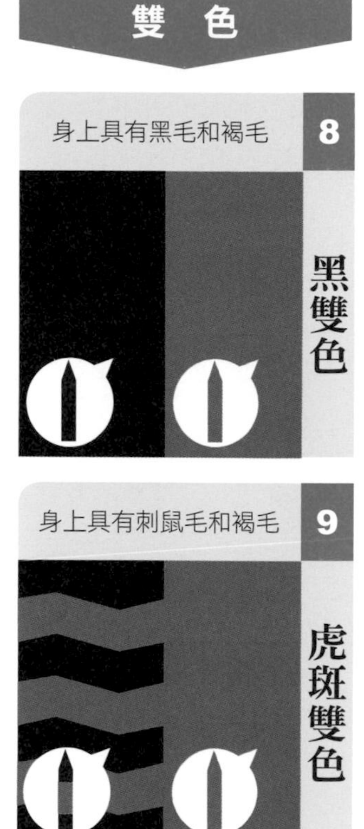

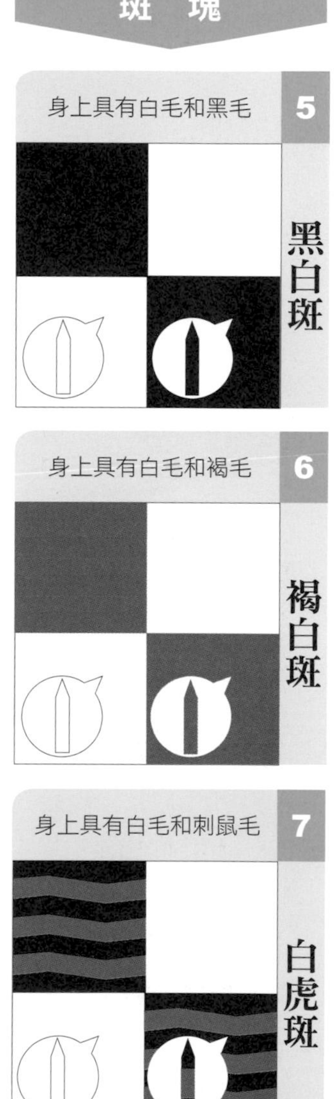

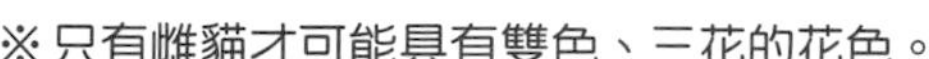
※只有雌貓才可能具有雙色、三花的花色。

花色型態1

虎　斑

全身皆有與脊椎呈直角走向的條紋花樣

放大體表有毛的部分（可看出是由刺鼠毛所構成）

●接近野生類型的毛色和花紋

虎斑貓身上一根根的毛都是**刺鼠毛**。整體給人的印象是**黑與褐灰色**混雜，頭部、身體、手腳可見黑色線條。特徵是全身有約20～30條與脊椎呈直角走向的**條紋花樣**。這個類型在日本也稱為「**雉虎斑**」。

這種毛色和花紋常見於貓科動物，一般認為跟家貓的原種最為接近。

左為雌雉、右為雄雉。日本「雉虎斑」的稱呼，據說是取自雌雉羽毛的花紋。

花色型態2

白

全身純白，找不到黑色或褐色

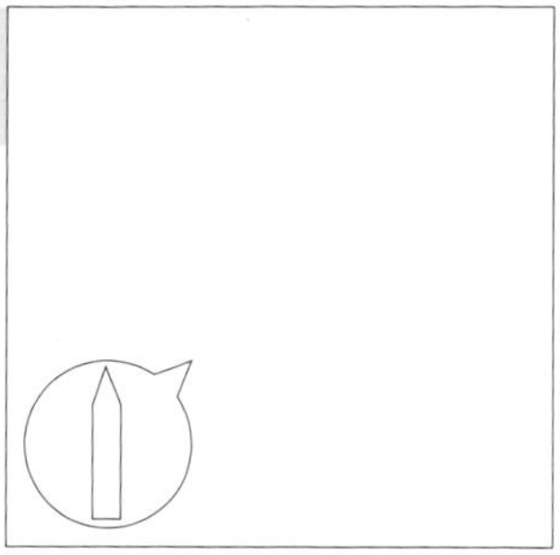

●全身白毛

白貓是只有**單一白色**的貓咪，全身遍尋不著褐色或黑色的部分。每一根毛都是白色的**白毛**，全身上下每個地方都看不到帶有顏色的毛。

如果在手腳前端、尾巴末端等處找到哪怕些許的黑色或褐色，那就不算白貓，而是隨後將會介紹的黑白斑、褐白斑、白虎斑等其他花色的貓咪。

花色型態3　黑

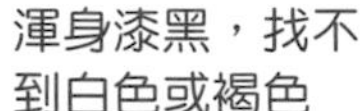

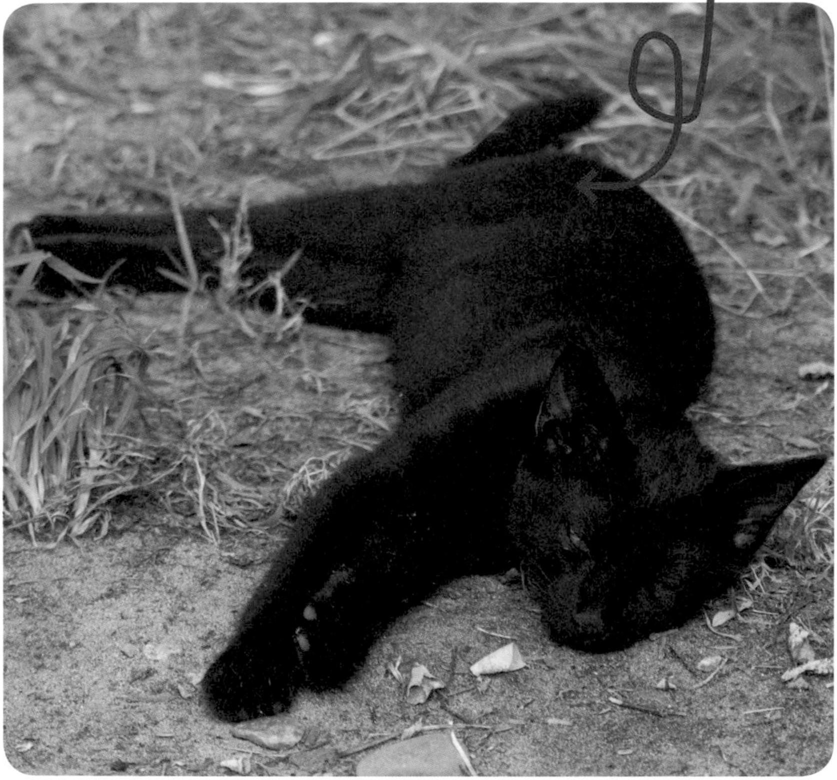

●全身黑毛

黑貓身上的毛全都是**單一黑色**。每一根毛都是整根黑色的**黑毛**，因此整個身體都是黑色。身體上找不到條紋花樣、白毛、褐毛等部分。

人們所說的「**黑貓**」，就如左圖般全身只有黑色一種顏色，因此是很容易辨識的類型。

花色型態4 褐

● **全身褐毛**

這是毛色只有**單一褐色**的個體，即使全身的毛有些許的濃淡差異，但全部都是**褐毛**。一般來說，身上往往會有跟脊椎呈直角走向的**條紋花樣**。這種條紋花樣會遍及全身，偏濃與偏淡的部分交互呈現，但不具有黑毛或白毛。

由於這種類型的毛色是褐色，並且有條紋花樣，因此也被稱為「**褐虎斑**」等。

具有與脊椎垂直的條紋花樣

有濃淡之分，但全身都是褐色（沒有白色或黑色）

放大體表有毛的部分（全都是褐毛）

花色型態5

黑白斑

●身上具有白毛和黑毛

這種貓的整體毛色，可以看見**黑色**和**白色**混雜其中。白毛（**斑塊**）的範圍可能大到幾乎占據整個身體，也可能面積極小，類型相當多元。黑色的部分長著**黑毛**，白色部分則長著**白毛**。每一根毛上不會混雜著黑色與白色。

範圍廣泛的白色（斑塊）部分，經常見於腹部下側。左圖的貓咪，身上的白色部分，多到稍微超過整個身體的一半。

花色型態6

褐白斑

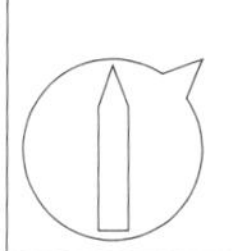

褐色部分經常可見條紋花樣（但比虎斑還淡）

手腳前端經常是白色的

●身上具有白毛和褐毛

這種貓咪的整個身體都可以看到**褐色**和**白色**。褐色的部分長著**褐毛**，白色的部分則長著**白毛**。每一根毛上頭並不會混雜著褐色與白色。白毛的範圍有可能相當廣泛，也有可能非常小塊。臉的下半部、胸上部分、手腳前端等處經常會是白色。褐色部分看起來呈**條紋花樣**，是因為褐色之中也分成濃色毛和淡色毛，形成了條紋狀。這種條紋花樣，會比虎斑和白虎斑來得淡。

花色型態7

白虎斑

放大虎斑和白斑的交界部分（有刺鼠毛和白毛）

●身上具有刺鼠毛和白毛

這種貓咪的整個身體都可以看到**虎斑**與**白色**。細看每一根毛，會發現虎斑的部分長著**刺鼠毛**，白色的部分則長著**白毛**。每一根毛上頭並不會混雜著白色與黑色，或是混雜著白色與褐色。

刺鼠毛的部分，可以看見清晰的**條紋花樣**。左圖中的兩隻貓咪身上，都可以找到黑色與褐灰色交替排列的條紋花樣。白色的部分則大多位於身體的下半部。

花色型態8

黑雙色

● **身上具有黑毛和褐毛**

雙色的貓咪分成「褐色與黑色」、「褐色與虎斑」兩種。在左圖的貓咪身上，可以同時找到**黑毛**和**褐毛**。看得出牠的頭部和鼻尖呈現全黑，這幾處的每一根毛皆為黑毛，在其周遭可以看到褐毛。貓的體表不具有白毛的部分，混雜著黑色跟褐色。這個類型的貓咪，有時也稱為「**玳瑁貓**」，在本書中會繼續稱為「**黑雙色**」。

從此篇開始（型態8～11）皆是雌貓才有的毛色。理由將在第25頁說明。

頭部和鼻尖全黑

黑色周圍有褐色的部分

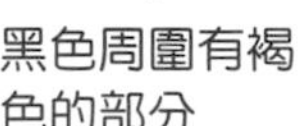

放大部分體表（有黑毛和褐毛）

花色型態9

虎斑雙色

只有褐色毛的部分

看起來像黑色的部分是虎斑，並非全黑

●身上具有刺鼠毛和褐毛

左圖的貓咪身上看起來像黑色的部分，跟前一頁的「黑雙色」貓咪不同，並非全黑。仔細觀察會發現，褐灰色跟黑色的部分形成了**條紋花樣**。這個部分就是「**虎斑**」。在虎斑部分的周遭，只有具**褐毛**的部分清晰可辨。因此，這種花色是由虎斑和褐色這兩種顏色組成，稱為「**虎斑雙色**」。在同一個體身上，混雜著**刺鼠毛**和**褐毛**。

花色型態10　黑三花

只有白毛的部分　只有褐毛的部分　只有黑毛的部分

色塊的界線相當清楚

●身上具有白毛、褐毛、黑毛

這是我們平常習慣稱為「**三花貓**」的貓咪，其中包括「白＋褐＋黑」的「**黑三花**」，以及「白＋褐＋虎斑」的「**虎斑三花**」。

左邊貓咪的身上，可以清楚看見有著**黑**、**褐**、**白**等部分。黑色部分是**黑毛**而非刺鼠毛，褐色部分是**褐毛**，白色部分是**白毛**。在單一個體的身上，存在著黑毛、褐毛、白毛等三種毛，特徵是各個顏色的區塊清楚分隔，不會彼此混雜在一起。

花色型態11　虎斑三花

●身上具有白毛、褐毛、刺鼠毛

左邊的貓咪跟前面提過的黑三花相當神似，但仔細觀察就會發現，黑色的部分其實是**虎斑**。黑色之所以不深，是因為每一根毛都是刺鼠毛。背上和尾巴的絕大部分都可以清楚看見黑色的**條紋花樣**。在單一個體的身上，雖然存在著**刺鼠毛**、**褐毛**、**白毛**這三種毛，但各個顏色的區塊仍舊清楚分隔，未見摻雜。

條紋花樣的類型

虎斑貓的全身上下都可以看到條紋。濃黑色與灰褐色的部分會交替排列，細線條有濃有淡，跟身上的脊椎呈直角走向，共有20～30條。這種花紋跟鯖魚相當類似，因此也被稱為**鯖魚虎斑**（**Mackerel Tabby，即條紋虎斑**）。本書所提及的條紋花樣，若未特別註記，皆是指這種鯖魚虎斑。

在日本的貓咪，傳統上條紋多半偏細，但近來受到歐美輸入的家貓等影響，帶有粗條紋（**寬紋虎斑，Blotched Tabby；古典虎斑，Classic Tabby**）的貓咪也日漸增加，連在野外都偶爾可見。在歐洲和美國則相當常見。

此外，有些貓咪還會擁有呈斑點狀的花紋，而非線條花紋（**斑點虎斑，Spotted Tabby**）。

鯖魚虎斑（Mackerel Tabby）

寬紋虎斑

斑點虎斑

跟右上的照片一樣是虎斑的花樣，但花樣呈現斑點狀，而非橫向條紋。

決定毛色和花紋的基因

基本基因一覽表

貓咪的毛色和花紋，取決於該隻貓咪所擁有的基因。本書從決定毛色和花紋的基因當中，挑選出了最主要的8種，並將其作用統整於表格之中。同一行的基因屬於等位基因，上欄以大寫字母標示者為**顯性基因**，下欄以小寫字母標示者為**隱性基因**。這些詞語的意涵，將在下一頁說明。

	顯性基因（大寫字母）基因代號	顯性基因（大寫字母）主要作用	隱性基因（小寫字母）基因代號	隱性基因（小寫字母）主要作用
每根毛的毛色	W	使所有毛變成**白毛**	w	僅在ww的狀態下，會變成有色毛
每根毛的毛色	O	使毛變成**褐毛**	o	oo和o會使毛變成**黑毛或刺鼠毛**
每根毛的毛色	A	使毛變成**刺鼠毛**	a	在aa的狀態下，會使毛變成**黑毛**
全身毛色配置	C	在**全身**生成毛的色素	c^s c^b 等	在**身體的一部分**生成毛的色素
全身毛色配置	D	使毛的色素整體**變濃**	d	在dd的狀態下，會使毛的色素**變淡**
全身毛色配置	S	生成**斑塊**（白色毛）	s	在ss的狀態下，會**沒有斑塊**
全身毛色配置	T	生成**條紋花樣**	t^b 等	t^bt^b會形成**寬紋虎斑**
長度	L	使毛**變短**	l	在ll的情況下，會使毛**變長**

想理解右表的基因是如何決定貓咪的顏色和花紋，就必須先學習基因作用的顯現機制。

此處僅簡單說明最少量且必要的知識，想了解更多的讀者，請閱讀第三部分的第99頁。

基因與遺傳的機制

❶ 貓咪具有許多基因。之中包括右表的8種基因。

❷ 原則上每一種基因都會與某個等位基因組合在一起，**兩兩成對**（理由請參照第99頁）存在。

❸ 每一對基因可能有三種組合形式：

大寫字母－大寫字母
大寫字母－小寫字母
小寫字母－小寫字母

❹ 成對的基因會按組合形式，決定最後表現出何種作用。

❺ 通常若有顯性基因，則隱性基因的作用就會隱藏起來。因此，不只「大寫字母（顯性）－大寫字母（顯性）」，在「大寫字母（顯性）－小寫字母（隱性）」的狀態下，同樣只會表現出顯性基因的作用。

❻ 隱性基因的作用，只有在「小寫字母（隱性）－小寫字母（隱性）」的組合下才會表現出來。

A基因（使毛變成刺鼠毛）		
顯性基因：**A**　隱性基因：**a**		
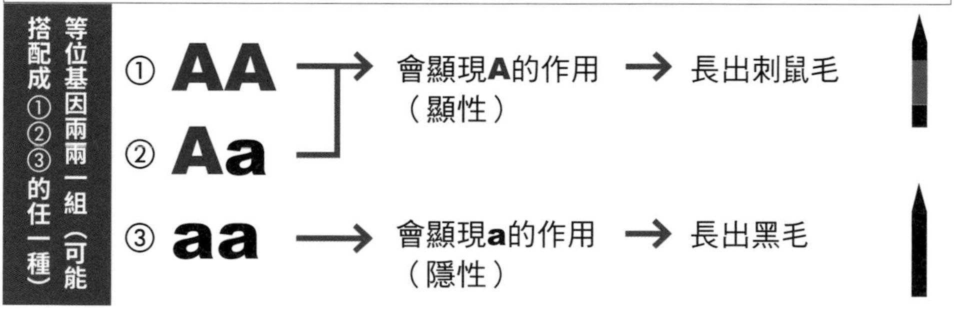 **等位基因兩兩一組（可能搭配成①②③的任一種）**		
① **AA**	會顯現**A**的作用（顯性）	長出刺鼠毛
② **Aa**	會顯現**A**的作用（顯性）	長出刺鼠毛
③ **aa**	會顯現**a**的作用（隱性）	長出黑毛

※ 像AA和aa這般同類型基因的配對稱為「**同型合子（Homozygote）**」；像Aa這般不同類型基因的配對則稱為「**異型合子（Heterozygote）**」。

※ 刺鼠毛和黑毛是由等位基因所決定的性狀，因此不會同時出現在同一個個體身上。

每種基因的運作方式

在了解基因的類型和一般的遺傳法則之後，此處將實際舉幾個例子，試著具體說明基因是如何決定貓咪的毛色和花紋。

若能搞懂這裡所介紹的基因運作方式，在野外看見貓咪時，就能推測出其所擁有的大部分基因。

●W基因

W基因的作用是將所有的毛都變成**白毛**。若貓咪身上具有WW基因型、Ww基因型，所有的毛就會變成白色。因此，就算擁有會使毛變成黑色或褐色的基因，也能抑制其作用，使貓咪變成純白色。

●S基因

不同於W基因，S基因只會使一部分的身體生成**斑塊**（白色毛）。在SS基因型的情況下，白毛的範圍會很廣泛；Ss基因型的情況下，白毛的範圍則會比較狹窄。若是隱性同型合子ss的基因型，則不會生成斑塊。

●T基因

T基因會生成貓咪的**條紋花樣**。虎斑貓身上所會出現的鯖魚虎斑（Mackerel Tabby），是受顯性的T基因作用而生的性狀。換句話說，當T基因排列成TT、Tt^b等組合時，這種性狀就會顯現。寬紋虎斑（Blotched Tabby）則是當隱性的t^b基因排列成同型合子（t^bt^b）時所會顯現的性狀。

●A基因

當A基因排列成顯性的AA、Aa之際，就會使毛變成**刺鼠毛**。若排列成隱性的同型合子aa，則毛會變成**黑毛**。不過由於W基因和O基因的作用更強，因此當同一個個體中同時擁有這些基因時，上述兩者的性狀會優先顯現。

●O基因

有一種基因，在雄性和雌性身上所具有的數量並不相同。那就是能使毛色呈現**褐色**的O基因。O基因運作的機制比較複雜，所以將在下一頁進行說明。

雙色和三花貓都只有雌性（O基因的作用）

基因存在於細胞中**染色體**上的特定位置（詳情請參照第99頁）。2條染色體配成一對。貓咪的染色體共有19對（38條）。其中18對（36條）是由形狀、大小相同的染色體配成對，雌雄性皆然。然而最後的那1對（2條），**雌性會由2條X染色體組成，雄性則由1條X染色體與1條Y染色體組成**。O-o基因位在X染色體上，因此擁有2條X染色體的雌性，可能會擁有OO、Oo或oo的組合；僅擁有1條X染色體的雄性，則只可能擁有O或o的單一基因。

♀ 若是雌性

擁有**OO**基因型就會變成褐色。就算擁有會使毛變成黑色或刺鼠色的A或aa基因型，由於O基因更加強勢，最終仍會變成褐色。若擁有SS或Ss基因型，就會生成斑塊，變成**褐白斑**；若是ss，則會變成無斑塊的**褐色**。

擁有**Oo**的貓咪，在從受精卵發展成小貓的過程中，O基因發揮作用，會使部分體表長出褐毛，其餘部分則由o作用。由於o不具有決定毛色的功用，因此擁有aa的貓咪會長出黑毛，擁有AA或Aa的貓咪則會長出刺鼠毛。整體而言，就會變成褐毛與黑毛（或刺鼠毛）同時並存。倘若擁有SS或Ss就會生成白斑，因此會變成**黑三花**（或**虎斑三花**）；若擁有ss則不會生成白斑，因此會變成**黑雙色**（或**虎斑雙色**）。

擁有**oo**的貓咪不會生成褐毛，因此毛色取決於A或aa基因，可能變成**虎斑**（／**白虎斑**）或**黑**（／**黑白斑**）。

♂ 若是雄性

由於雄性的此基因並未成對，只擁有O或o的其中一個，是以若擁有**O**就會是**褐色**（／**褐白斑**）；擁有**o**則會成為**虎斑**（／**白虎斑**）或**黑**（／**黑白斑**）的其中一種。不會出現雙色或三花。

如同上述，褐毛與黑毛混雜，或是褐毛與刺鼠毛混雜的雙色（無白斑）或三花（有白斑），只可能是**雌性**。

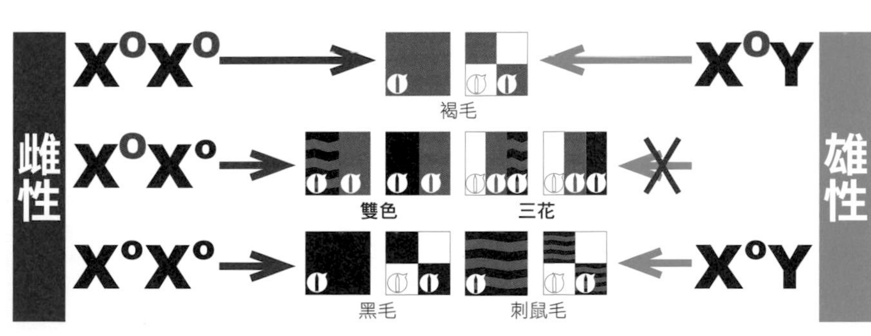

基因組合判定流程圖

這個流程圖，可以從貓咪的外觀判斷出主要基因（W-w、O-o、A-a、S-s）。使用此圖時，最初的觀察非常重要。考量到隨後需要推論，請先拍張貓咪的照片。

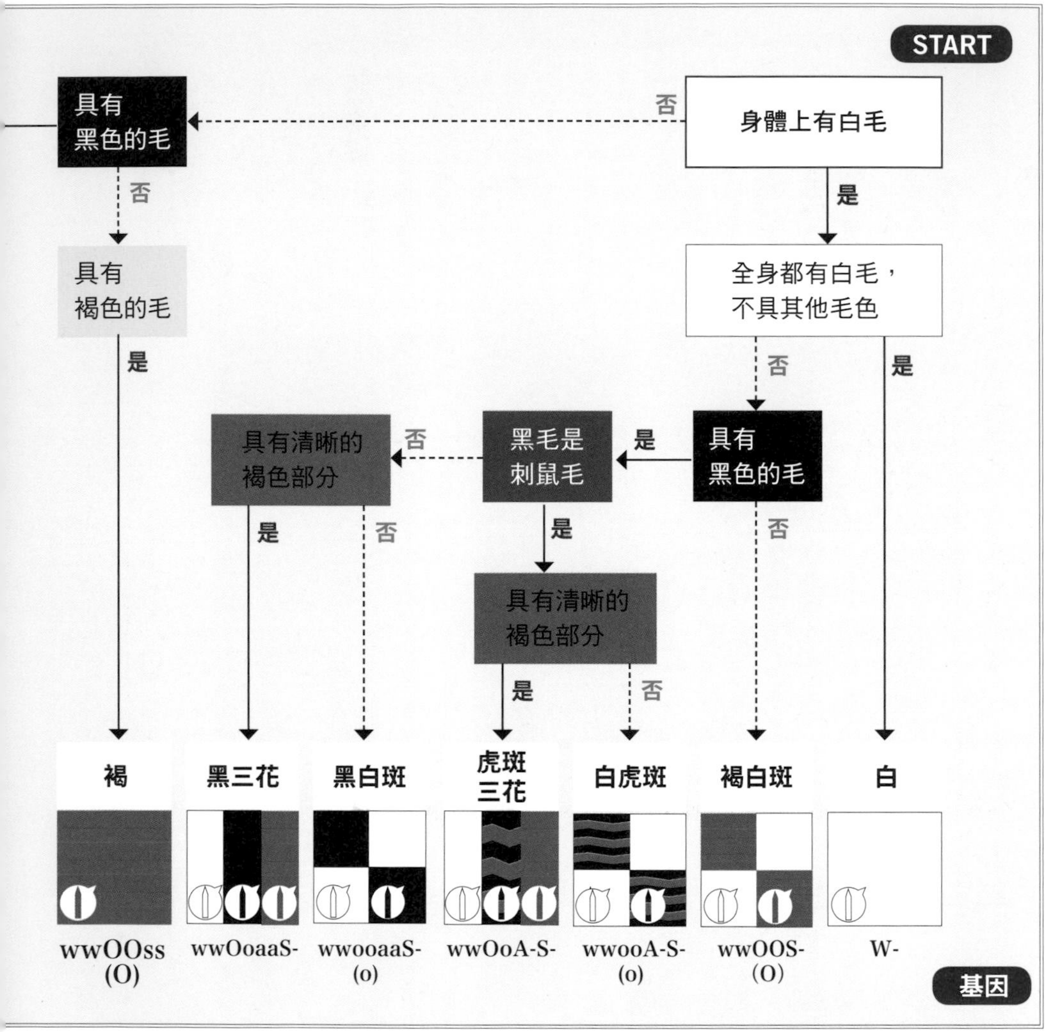

START

- 身體上有白毛
  - 是 → 全身都有白毛，不具其他毛色
    - 是 → **白** W-
    - 否 → 具有黑色的毛
      - 是 → 黑毛是刺鼠毛
        - 是 → 具有清晰的褐色部分
          - 是 → **虎斑三花** wwOoA-S-
          - 否 → **白虎斑** wwooA-S- (o)
        - 否 → 具有清晰的褐色部分
          - 是 → **黑三花** wwOoaaS-
          - 否 → **黑白斑** wwooaaS- (o)
      - 否 → **褐白斑** wwOOS- (O)
  - 否 → 具有黑色的毛
    - 否 → 具有褐色的毛
      - 是 → **褐** wwOOss (O)

褐	黑三花	黑白斑	虎斑三花	白虎斑	褐白斑	白
wwOOss (O)	wwOoaaS-	wwooaaS- (o)	wwOoA-S-	wwooA-S- (o)	wwOOS- (O)	W-

基因

◆ 如「S-」般含有「-」標示者，代表可能填入顯性或隱性的其中一種。
◆ O和o基因在雄性和雌性身上的組合型態並不相同。此處標示的是雌性，雄性則會在下方附上（ ）。

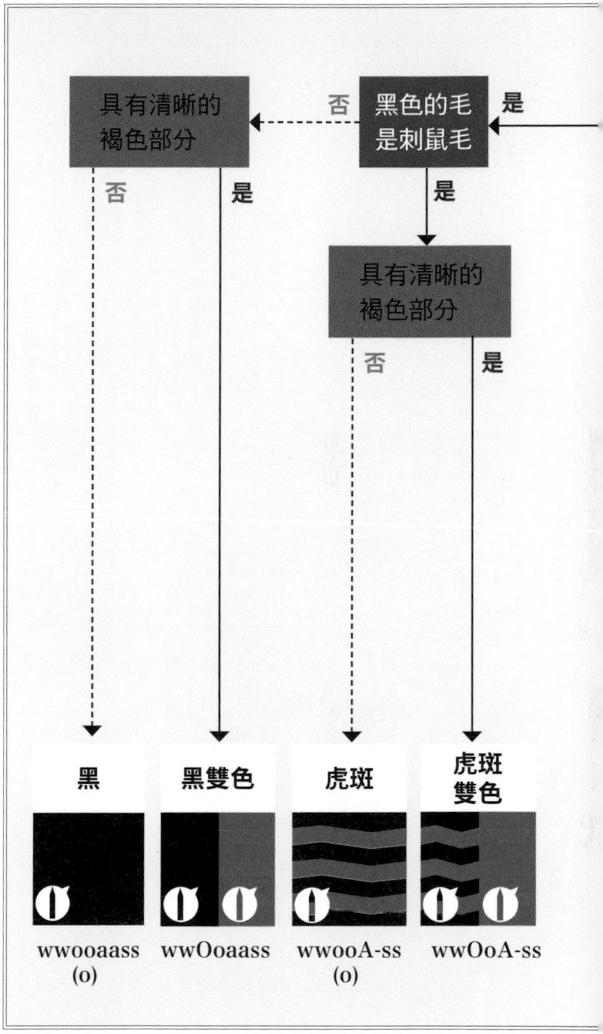

是
黑色的毛
是刺鼠毛
否
具有清晰的
褐色部分
是
具有清晰的
褐色部分
否
是
否
是

虎斑
雙色
wwOoA-ss

虎斑
wwooA-ss
(o)

黑雙色
wwOoaass

黑
wwooaass
(o)

此處稍加說明這張圖的使用方法。請觀察貓咪的毛色和花紋，從右上角出發。

舉例而言，碰到全身白的貓咪，就會從右上的「是」往下走。如果這隻貓咪完全沒有黑色或是褐色的毛，第二格再從「是」繼續往下走，就會抵達「白」的結論。此基因寫作「W-」。「-」代表該處可能填入W或w。另外，我們可以得知這隻貓咪具有WW或Ww的基因，但除此之外的基因，光看個體外觀無從判斷，因此並未註明。

此外，假設有另一隻黑與白混雜的貓咪。一樣從圖表的右上角出發，由於身體某處有著白毛，因此從「是」往下走。接著，由於可以清楚看出有著黑毛，所以第二格選擇「否」往下走；由於是黑毛，再選「是」往左走。仔細觀察黑毛，發現整根毛全是黑色，不是刺鼠毛，因此選「否」往左走。最後，由於沒有褐色的部分，因此選「否」往下走，最後抵達了「黑白斑」。黑白斑的基因型下方附有()，由此可知若是雌性，基因型就是wwooaaS-；若是雄性，基因型就是wwoaaS-。S的後頭寫有「-」，因此跟W的例子一樣，有SS或Ss這兩種可能。

各花色的個體數量比例

下表是筆者過往所任職的高中，從高中三年級生所寫的報告中，集合了針對東京都進行調查的16名學生的資料，所統計出的貓咪數據。

白貓（表格內粉紅色標示）占整體的5.6％、有白斑的貓咪（表格內水藍色標示）占有色貓咪比例中的63％。白虎斑、黑白斑、虎斑為數眾多，光這三類幾乎就占去了一半。

左下的圓餅圖是參照野澤謙先生等人的調查結果（原生家畜研究會報告18，225～268，2000年），將日本全國的日本貓性狀，擷取出東京都的數據所製成。

根據該研究，白毛占整體的5.0％。在其餘的有色貓咪之中，有白斑的貓咪占64.5％，無白斑的貓咪則占35.5％。

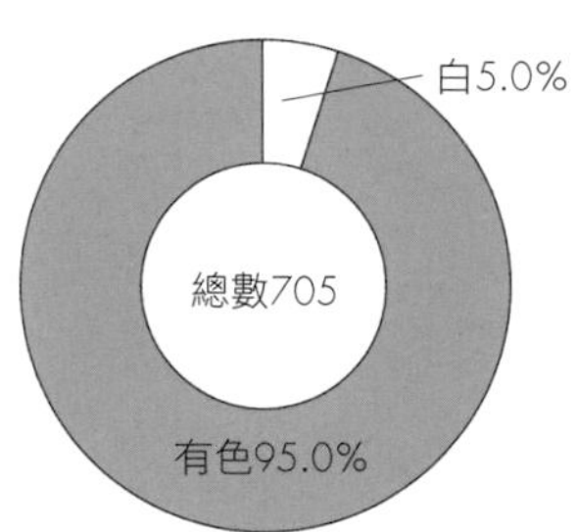

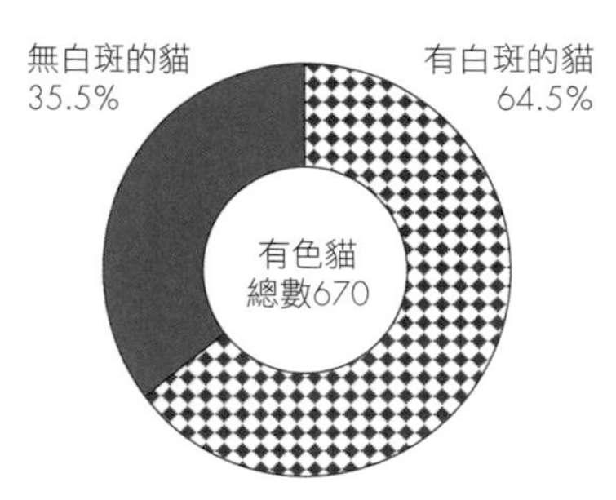

<table>
<tr><th colspan="3">花色</th><th>個體數</th><th colspan="3"></th></tr>
<tr><td colspan="3">白</td><td>7</td><td colspan="3">5.6%</td></tr>
<tr><td rowspan="13">有色</td><td colspan="2">虎斑（淡色虎斑）</td><td>16</td><td colspan="2">12.8%</td><td rowspan="13">94.4%</td></tr>
<tr><td colspan="2">黑</td><td>9</td><td colspan="2">7.2%</td></tr>
<tr><td colspan="2">褐</td><td>8</td><td colspan="2">6.4%</td></tr>
<tr><td rowspan="3">白斑</td><td>白虎斑（淡色白虎斑）</td><td>24</td><td>19.2%</td><td rowspan="3">45.6%</td></tr>
<tr><td>黑白斑（灰白斑）</td><td>22</td><td>17.6%</td></tr>
<tr><td>褐白斑</td><td>11</td><td>8.8%</td></tr>
<tr><td rowspan="2">雙色</td><td>虎斑雙色</td><td>4</td><td>3.2%</td><td rowspan="2">6.4%</td></tr>
<tr><td>黑雙色</td><td>4</td><td>3.2%</td></tr>
<tr><td rowspan="2">三花</td><td>虎斑三花</td><td>9</td><td>7.2%</td><td rowspan="2">13.6%</td></tr>
<tr><td>黑三花（淡色黑三花）</td><td>8</td><td>6.4%</td></tr>
<tr><td rowspan="3">其他</td><td>海豹重點色</td><td>1</td><td>0.8%</td><td rowspan="3">2.4%</td></tr>
<tr><td>銀虎斑</td><td>1</td><td>0.8%</td></tr>
<tr><td>寬紋虎斑</td><td>1</td><td>0.8%</td></tr>
<tr><td colspan="3">共計</td><td>125</td><td colspan="3"></td></tr>
</table>

第二部分 照片集篇

各種花色的貓咪

接下來，我們將逐步探討貓咪的花色與基因間的關係。第一部分介紹過的11類花色，皆會搭配三~五張照片，並標示出該貓咪所擁有的主要基因。

＊若可能是顯性、隱性基因的其中一種，將以「-」標記。例如A-就表示可能是AA或Aa。

＊若無法判斷基因為何，就不會寫出該種基因。例如若寫為W-，就代表O、A、S等基因的作用受到抑制，沒有顯現。因此無法光憑觀察就推斷出該個體的這些基因為何。

這隻貓咪的耳朵挺立，彷彿正直盯著什麼的神情非常精悍，總覺得散發著野生的氣息。

濃黑色跟灰茶褐色的部分交互顯現，整體形成了濃淡的細條紋花色。這種花色酷似鯖魚體表的花紋，因此也被稱作鯖魚虎斑（Mackerel Tabby），是受T基因的作用所致。

牠身上的每一根毛，是在A基因的作用下變成刺鼠毛。全身都具有色素，因此具有C-；整根毛到毛根皆是較深的顏色，因此具有D-。褐色基因的作用隱藏著，因此是o或oo。無白斑因此是ss；毛是短毛，所以是L-。從花色無法判斷性別。

這種花色跟日本的野生貓種「對馬山貓」、「西表山貓」等的毛色相當類似，一般推斷這種花色的貓留有最多家貓祖先的特徵。

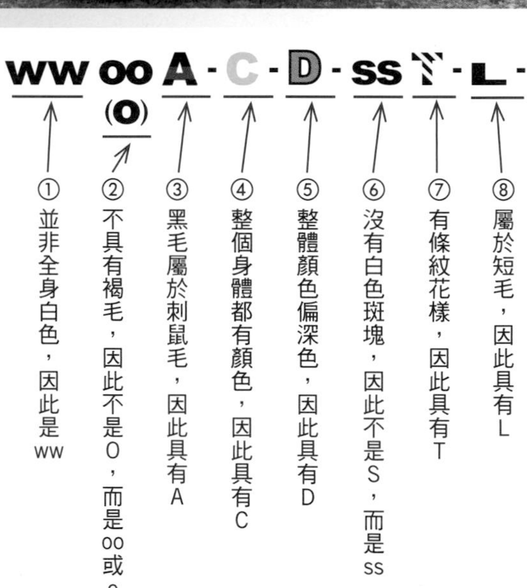

※當雌性和雄性基因相異時，雄性會以（ ）標示。

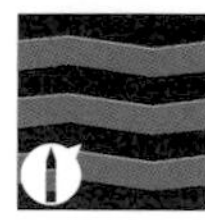

面貌很年輕，有著幼貓的神情。就算不看全身，光從臉也能得知毛色和花紋。這是黑色與褐灰色部分交錯的鯖魚虎斑，明顯帶有虎斑貓的特徵。虎斑貓的額頭上有時會出現M字型的花紋。這隻貓咪有沒有呢？

【雌性：wwooA-C-D-ssT-L- ／雄性：wwoA-C-D-ssT-L-】

這隻虎斑貓只使用指尖，不出聲悄悄地走動。或許正在接近鎖定好的獵物。當置身於有著大量枯草的地面附近時，往上下延伸的直條紋花樣，以及一根根的刺鼠毛，看起來都像是融入了環境之中，展現出優異的偽裝效果。人說虎斑貓的花色跟野生型的花紋、毛色最為接近，看來確實如此。可以看出條紋花樣跟身體的脊椎呈直角（上下走向）。身體從頸部至尾巴末端之間，通常有約20～30條的濃淡條紋。

【雌性：wwooA-C-D-ssT-L-／雄性：wwoA-C-D-ssT-L-】

這隻虎斑貓，可以辨識出5條從頭部延伸至頸部的黑色條紋。此外，從胸部到腰部可以看到13～15條上下走向的黑色條狀花紋。尾部有約7條環狀的黑色花紋。尾巴可以看到這種環狀花紋，也是虎斑貓的特徵之一。仔細觀察每根毛，會發現都是刺鼠毛。野生型都會擁有這般長長的尾巴。

【雌性：wwooA-C-D-ssT-L-／雄性：wwoA-C-D-ssT-L-】

這是貓咪坐下時會出現的姿勢。整體而言，T-基因所形成的鯖魚虎斑相當清晰，似乎像是虎斑貓。然而在黑色條紋之間，卻看不到虎斑應該要有的褐灰色毛。這是抑制基因I所導致的結果。基因I會使刺鼠毛的黑色部分保持原樣，但會稀釋黃色部分的色素，因此整體看起來會很接近銀色。這也被稱為「銀虎斑」。由於沒有白色的部分（斑塊），因此是ss。

【雌性：wwooA-C-D-I-ssT-L-／雄性：wwoA-C-D-I-ssT-L-】

ww oo A - C - D - I - ss T - L -
(O)

擁有抑制刺鼠毛黃色色素的I基因

光看臉部，可以看出明顯有著一般虎斑貓的特徵，具有T-基因。這隻貓是長毛品種，擁有同型合子ll。觀察脖子周遭和全身，可以看出毛的長度比短毛品種的貓咪長了許多。由於是虎斑貓，所以前端為黑色的刺鼠毛跟褐灰色毛呈線條狀交替生長。不具有斑塊，因此是ss基因。

【雌性：wwooA-C-D-ssT-ll ／雄性：wwoA-C-D-ssT-ll】

ww oo A - C - D - ss T - ll

(O)

因為是長毛，所以不是L-，而是隱性的同型合子ll

整個身體只覆有白色的毛，完全找不到黑色的毛或褐色的毛。使全身毛色變成白色的W基因是顯性，因此只要具有一個，就會創造出白貓。這種貓當然還具有其他基因，但作用已經全數受到抑制，因此無法得知具有怎樣的基因。

白貓全身上下都不會形成黑色素。是以每一根毛中也都沒有色素，我們看起來才會是白色的毛。在鼻尖和耳朵內部，跟皮膚很靠近的血管會透出在其中流動的血液顏色，所以看起來會是粉紅色。

WW L- 或 **Ww L-**

① 全身白色，因此具有W基因。WW或Ww皆有可能。W基因會抑制其他基因的作用，因此無法了解這隻貓咪還具有哪種與毛色相關的其他基因。

② 屬於短毛，因此具有L

左眼偏黃，右眼偏藍。一身白的貓咪，經常可見左右眼顏色相異的個體。這稱為「異色瞳」（也有人稱為金銀眼）。目前已知這種貓咪大多有一隻耳朵沒有聽覺。一般認為這是因為能使全身的毛變成白色的W基因，會使內耳的聽覺細胞發育不全。

【WWL-或WwL-】

正在睡覺，所以看不出眼睛的顏色，但請注意左前腳尖的肉球。肉球並未偏黑，呈現粉紅色。由於白貓不具備會形成黑色素的基因，全身不會出現黑色或褐色，因此肉球也不會出現上述的顏色。

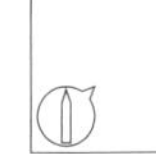

【WWL-或WwL-】

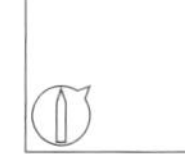

這隻貓的尾巴看起來圓圓隆起。哺乳類的尾巴不同於鳥類的尾巴，內部長有數根骨頭。若這些骨頭中有幾根黏合在一起，尾巴的長度就會變短或者是捲起。影響尾巴長度的基因不只一種，成因相當複雜。歐美很少看見短尾貓，一般相信短尾的性狀是日本貓的特徵之一。擁有這種固定特徵的品種是「日本短尾貓」。

【WWL-或WwL-】

在同一個地點有2隻白貓。要生出白貓，雙親必須有其中一隻或雙方都是白貓才行。舉例而言，白（Ww）與有色（ww）的雙親，生出白（Ww）的機率是50%。在野生環境中，除去在冰雪中行動的情形，白色的個體總會相當顯眼。因此，在幼年時期也容易被猛禽類或其他肉食類動物等盯上，屬於不利的特徵。白貓的W基因在遺傳上是顯性，但跟生存能力的強弱卻不一致。第37頁也曾介紹過，白貓還具有聽覺能力上的缺陷等。一隻個體身體裡的優位基因，在族群中未必就處於優勢。

【WWL-或WwL-】

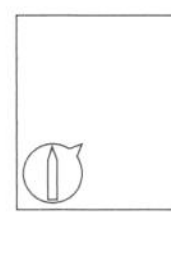

這隻貓是全身白的長毛品種，隱約散發著高尚的氣質。由於是長毛，因此擁有同型合子ll。耳朵朝內側反折，這是「美國捲耳貓」的品種特徵。跟第37頁出現過的貓咪一樣，這隻貓也是異色瞳。所有白貓的毛都很容易弄髒，飼主打理起來會很辛苦。

【WWll或Wwll】

全身只有黑色，完全不具有白色或褐色的部分。黑色會發亮，是充滿光澤的毛色。黑貓看不出色彩和花紋的差異，因此若要辨別個體，就必須掌握其他特徵。尾巴的長度和彎曲程度、眼睛顏色、體格、體型、耳朵的傷痕等，都可能成為判斷的關鍵。

能使整根毛變成黑色的a基因發揮了作用，但這是隱性基因，因此所有的黑貓都擁有同型合子aa的基因型。不具有創造褐色毛的O基因，雄性為o、雌性則為oo。整個身體都有色素，因此具有C-；毛色呈現深黑色，因此具有D-。由於不具斑塊，因此沒有S，而是ss。另外由於是短毛，因此具有L-。

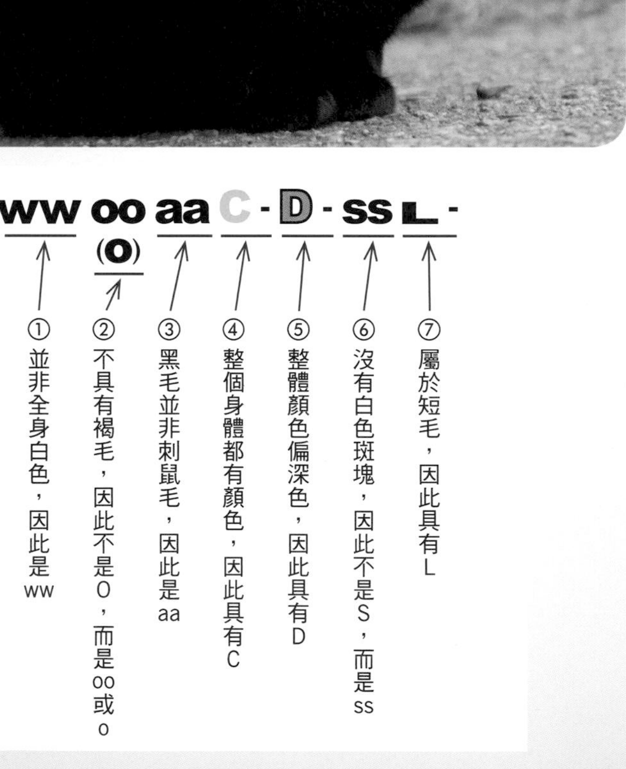

在陽光下閃耀的美麗毛色，全身都是黑色。找不到白色或褐色的毛，也沒有斑塊。毛從根部到前端全是黑色，屬於短毛。尾巴同樣全黑，又長又直。

【雌性：wwooaaC-D-ssL- ／雄性：wwoaaC-D-ssL-】

毛色相當有光澤，全身黑的黑貓。觀察單根毛，可以發現在黑色素影響下，整根毛都是黑色。這隻個體是長尾、短毛。後腳有露出肉球，由此可見肉球並非肉色，而是全黑的。這個部分的皮膚也受到黑色素影響。

【雌性：wwooaaC-D-ssL- ／雄性：wwoaaC-D-ssL-】

這似乎是長尾黑貓的幼崽。像這隻貓一樣，貓咪在相當年輕的時期，有時身體的部分區塊可以看出些微的濃淡花紋。一般認為這是幼貓時期色素的形成尚不充分所致。隨著成長，毛色變深之後，就看不出條紋花樣了。

【雌性：wwooaaC-D-ssL- ／雄性：wwoaaC-D-ssL-】

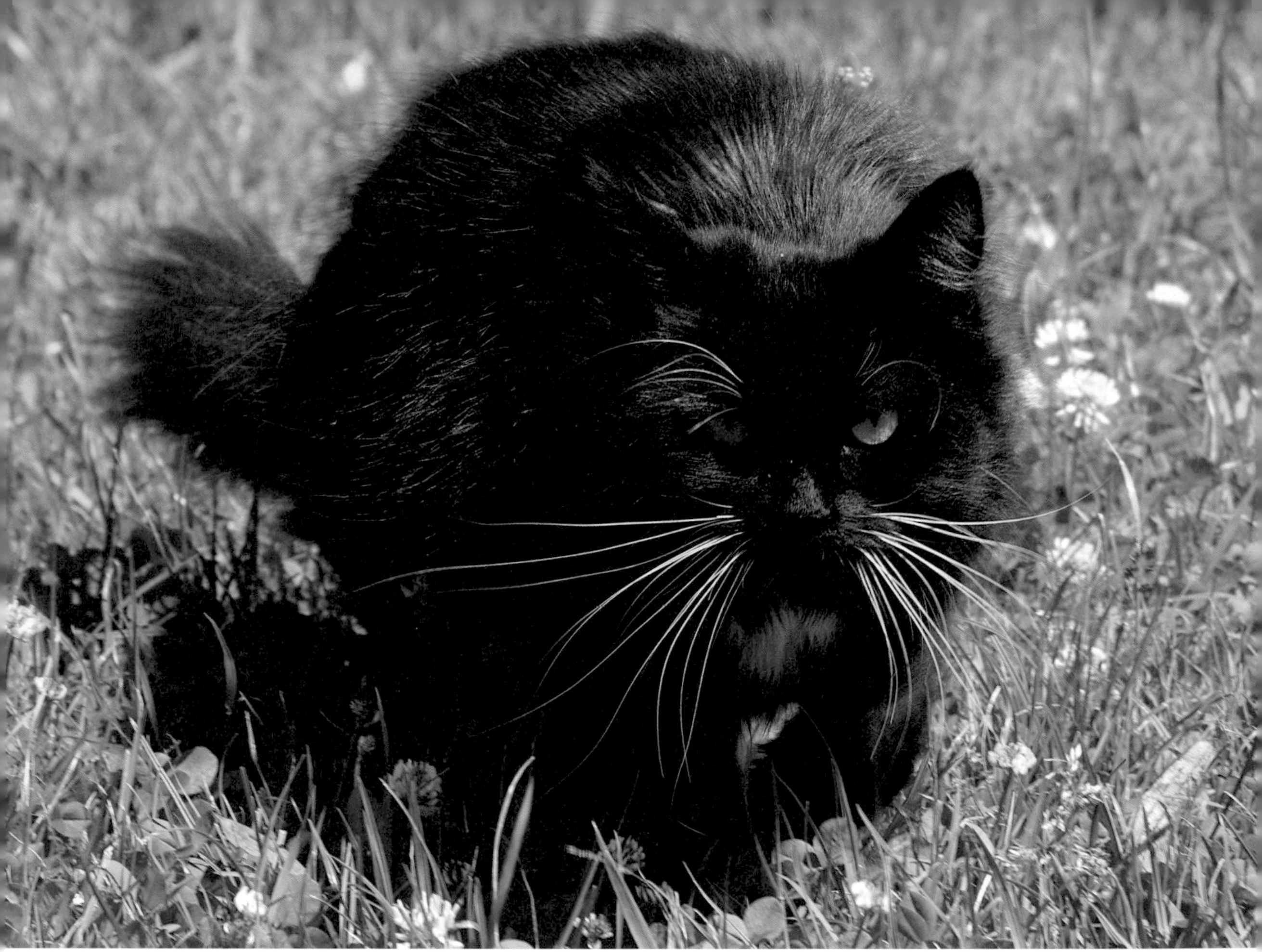

全身覆有鬆軟的長毛。這種長毛貓原本在日本的野外並看不到，屬於自外國帶入的個體，因此身上可能含有各種源自外來種的基因。

【雌性：wwooaaC-D-ssll ／雄性：wwoaaC-D-ssll】

由於是長毛，因此不是L，而是隱性的同型合子ll

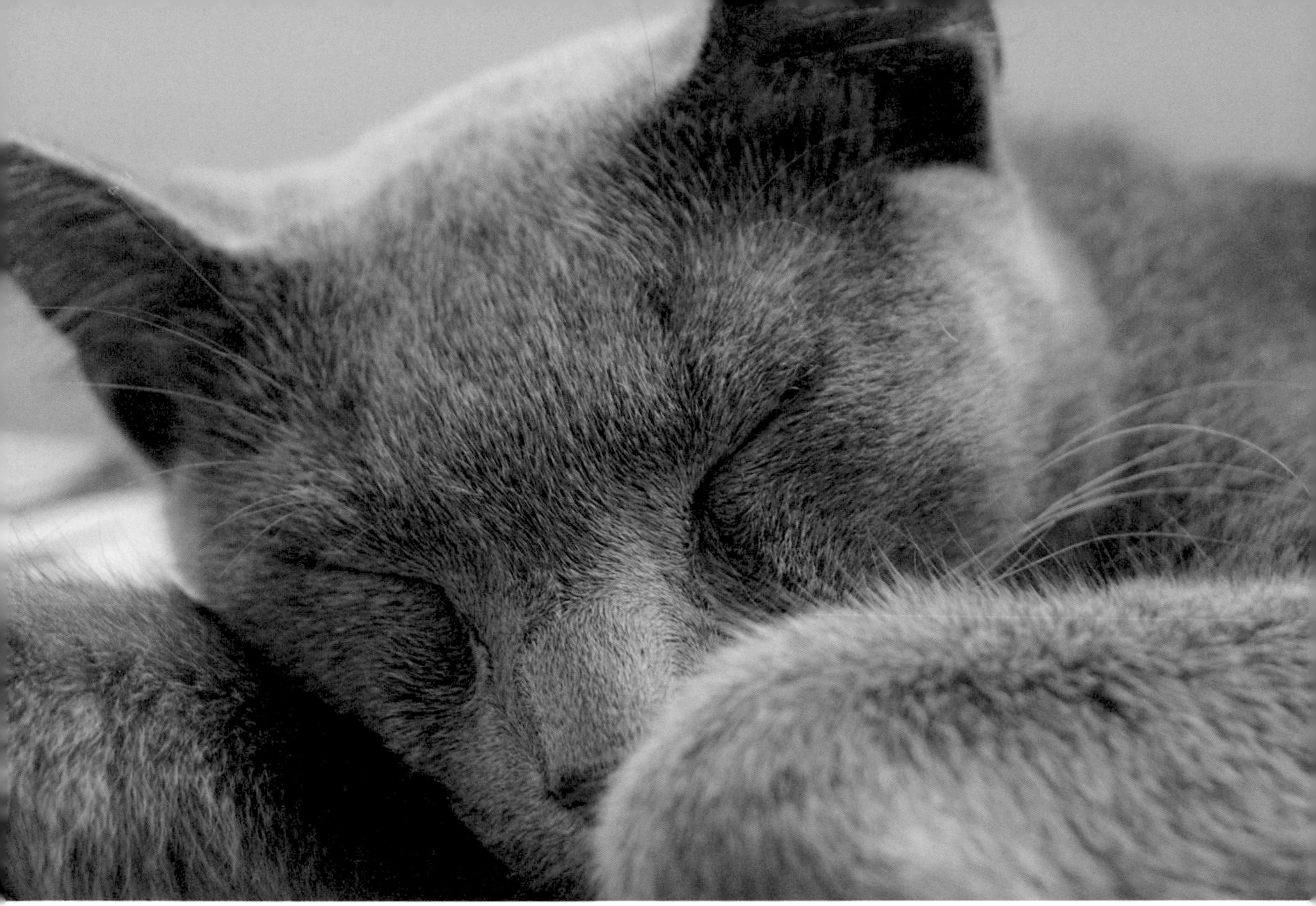

雖然毛色偏黑，顏色看起來卻有點淡，散發著獨特的氣息。這是能使一根毛當中的整體色素變淡的d基因發揮作用所致。d是隱性基因，因此在形成同型合子dd時才會產生作用。雖然是灰色的貓咪，在歐美卻稱為「藍貓」。似乎沒有斑塊，因此具有ss；屬於短毛，因此具有L-。

【雌性：wwooaaC-ddssL-／雄性：wwoaaC-ddssL-】

全身淡色，因此不是D-，而是dd

這是身上只找得到褐毛的褐貓（橘貓）。褐色會在X染色體上的顯性基因「O基因」的作用下顯現。雄性只有一條X染色體，因此是O；雌性擁有兩條X染色體，因此就是OO。O基因較A或a基因優勢，因此當此基因發揮作用時，A和a的作用就會受到抑制，無法使毛形成黑色的色素。褐色遍布全身，因此是C-；並非淡褐色所以是D-；沒有斑塊，因此具有ss。毛屬於短毛，因此具有L-。全身都顯現了條紋花樣，很可能具有鯖魚虎斑的基因T-。

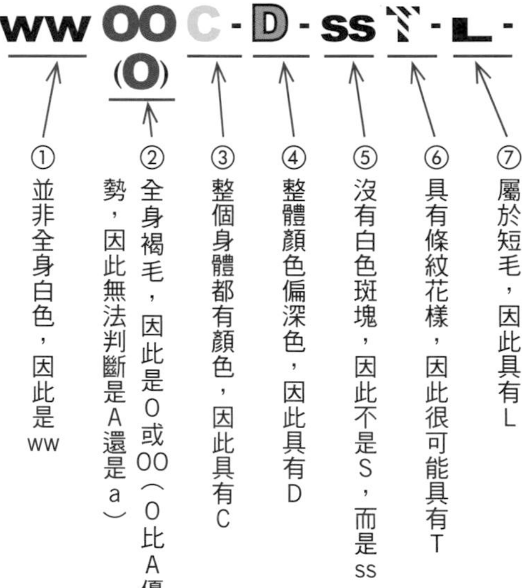

褐色的貓咪，身上經常都會出現褐色的濃淡條紋，如同虎斑貓身上的條紋花樣。可以看出從胸部到腰部的條紋與脊椎呈垂直方向，在手腳上則跟手腳骨呈垂直方向。此外如同虎斑貓，褐貓嘴巴下側的毛有時也不是褐色，而會長成白色，這並不屬於白色斑塊的花紋。

【雌性：wwOOC-D-ssT-L- ／雄性：wwOC-D-ssT-L-】

圖中的貓咪正朝著某處發聲威嚇。耳朵繃直挺立，瞳孔猛然變細，看起來似乎已經準備好採取攻擊或躲避行動。在張開的嘴巴裡，上顎和下顎的犬齒相當顯眼（請參照第97頁）。家貓的祖先會捕捉老鼠等獵物來吃，或許就是運用這種犬齒來使出致命一擊吧。嘴巴周圍長長的毛是觸毛，跟其他顏色的貓咪一樣，是不帶色素的白色。觸毛兩端的寬度跟身體的寬度等長，據說貓咪會利用觸毛來感知自身通行處的障礙物。

【雌性：wwOOC-D-ssT-L-／雄性：wwOC-D-ssT-L-】

這隻全身褐色的貓咪，走來正想要拍照的我身旁，然後突然躺了下來。在晨光的影響下看起來像淡褐色，但實際上是深褐色，因此不是dd而是D-。手腳上可見深褐色的條紋花樣。身體的胸部、腹部處的線條不太分明。

【雌性：wwOOC-D-ssT-L-／雄性：wwOC-D-ssT-L-】

黑白斑

這種貓咪身上分成黑與白，黑的部分是純黑的黑毛，而不是刺鼠毛。這是由隱性的黑毛基因同型合子aa所造成的。當有黑毛顯現時，就不具有生成褐毛的O基因，僅有隱性的o基因，因此雄性具有o基因、雌性則具有oo基因。色素遍及整個身體，因此是C-；毛的色素較濃，因此具有D-。白毛是因為左右斑塊的S基因產生作用，使得部分身體形成了沒有色素的區塊。毛是短毛，因此具有L-。由此可以推斷，應該具有下列的基因。

ww oo aa C - D - S - L -
(o)

① 並非全身白色，因此是ww

② 不具有褐毛因此不是O，是oo或o

③ 黑毛並非刺鼠毛，因此是aa

④ 整個身體都有顏色，因此具有C

⑤ 整體顏色偏深色，因此具有D

⑥ 有白色斑塊，因此具有S

⑦ 屬於短毛，因此具有L

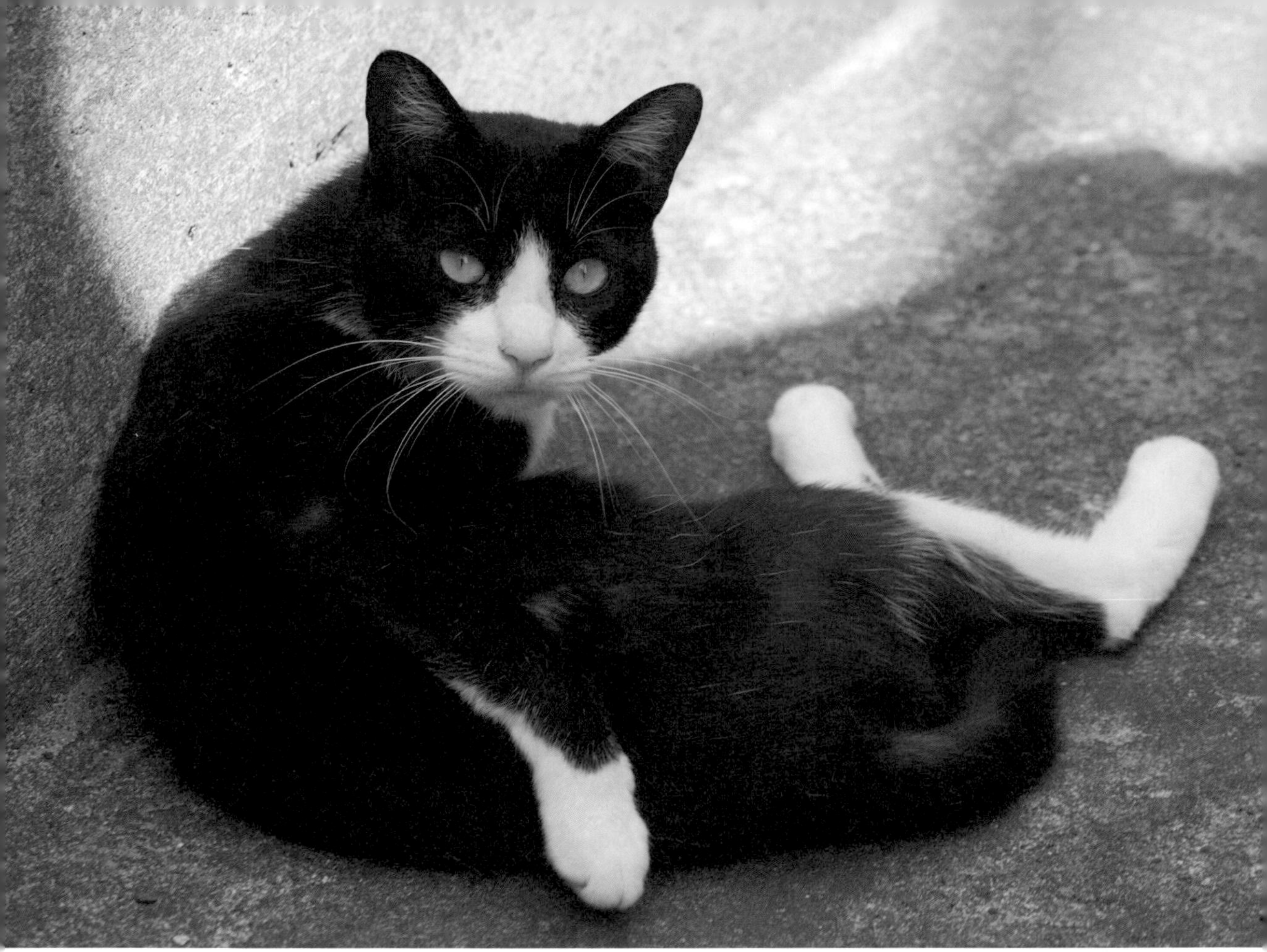

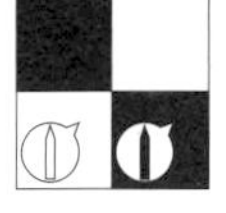

這隻黑白斑貓的黑毛比例相當高，包括頭部約8成的範圍，以及背部、腰部、尾巴。推測應該具有白斑基因Ss（請參照第24頁）。白斑的部分起始自手腳和腹部側。換句話說，跟照片中的貓咪相反，背部及腰部為白色、腹部側為黑色，這種配色的貓咪並不存在。

【雌性：wwooaaC-D-SsL-／雄性：wwoaaC-D-SsL-】

白斑的範圍很小，因此S基因為Ss

這隻幼貓正在玩耍，這應該是玫瑰花莖吧。可以看見清晰的黑毛和白毛，是一隻黑白斑貓。眼睛上方和嘴巴周遭的觸毛清晰可辨。白毛約莫占一半的比例。左頰上有一塊黑毛形成點綴。從這張照片也可以看出，白色都分布於身體的下半側。不同於步行時，手指尖端伸出了尖銳的爪子。

【雌性：wwooaaC-D-S-L- ／雄性：wwoaaC-D-S-L-】

這隻貓大部分的頭部直至背部皆為黑毛，胸部、前腳、後腳的前段則為白毛，是一隻黑白斑貓。照片中可以看見後腳的肉球，有著粉紅色跟黑色的部分。由此可知此處的皮膚在某些地方形成了黑色素，某些地方則沒有。

【雌性：wwooaaC-D-S-L-／雄性：wwoaaC-D-S-L-】

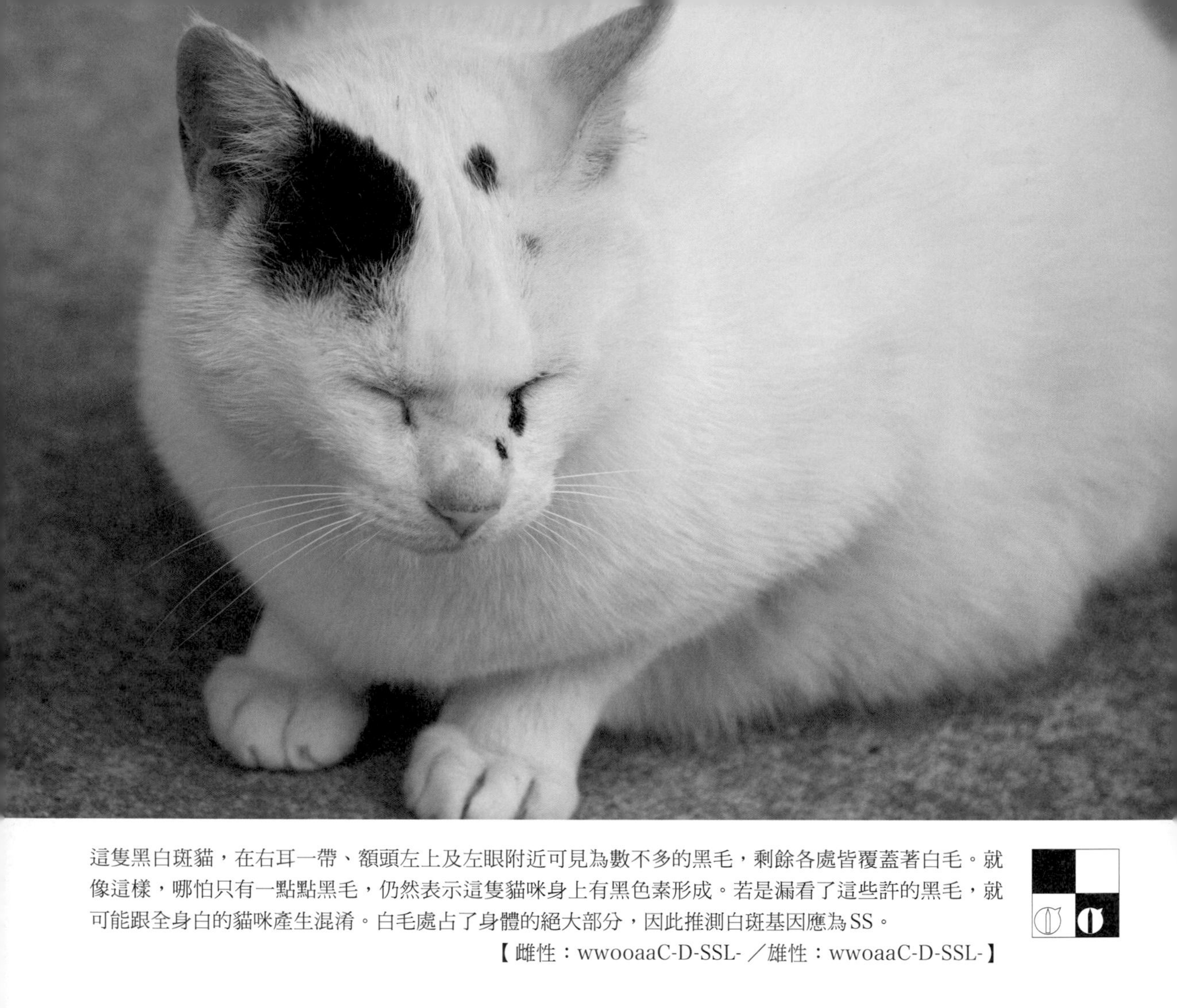

這隻黑白斑貓，在右耳一帶、額頭左上及左眼附近可見為數不多的黑毛，剩餘各處皆覆蓋著白毛。就像這樣，哪怕只有一點點黑毛，仍然表示這隻貓咪身上有黑色素形成。若是漏看了這些許的黑毛，就可能跟全身白的貓咪產生混淆。白毛處占了身體的絕大部分，因此推測白斑基因應為SS。

【雌性：wwooaaC-D-SSL-／雄性：wwoaaC-D-SSL-】

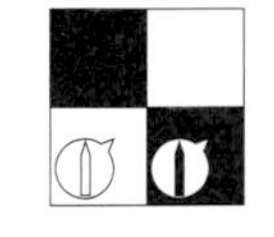

我在光線稍暗的陰影處看見這隻貓，原以為是黑白斑，沒想到搞錯了。臉的左半邊、腰的一部分、雙腳的後方、腳跟等處看起來像是黑毛，不過仔細觀察後卻發現不是黑毛而是刺鼠毛。請仔細看牠的尾巴，約有9個環狀花紋，由此可知該處的毛是刺鼠毛。因此這隻貓咪應該是白虎斑。由於身體超過一半都是白色，相信應該具有SS基因。

【雌性：wwooA-C-D-SST-L-／雄性：wwoA-C-D-SST-L-】

褐白斑

這是身上可見褐、白兩種毛色的褐白斑。褐色會在X染色體上的顯性基因O的作用下顯現，因此雄性具有O、雌性具有OO。若是Oo則會混有黑毛（黑毛或刺鼠毛），不會變成褐白斑。當O基因發揮功用時，A和a的作用就會受到抑制，無法得知擁有哪一種。白斑是因顯性基因S的作用而顯現，若體表約一半以上都是白色即為SS，一半以下則是Ss。全身都有褐色出現，因此是C-；並不是淡褐色，因此是D-；屬於短毛，因此可以得知具有L-。背部及尾巴褐色部分的條紋花樣不太清楚，無法斷言必定具有T-。

ww OO C - D - S - T - L -
(O)

① 並非全身白色，因此是ww

② 具有褐毛，但不具有黑毛，因此是OO或O（O比A優勢，因此無法判斷是A還是a）

③ 整個身體都有顏色，因此具有C

④ 整體顏色偏深色，因此具有D

⑤ 有白色斑塊，因此具有S

⑥ 有條紋花樣，因此很可能具有T

⑦ 屬於短毛，因此具有L

全身可見邊界分明的褐色與白色部分，但找不到黑毛，這是一隻褐白斑貓。整個身體的白色部分看起來少於一半，應該具有Ss基因。可以看出左前腳和左後腳的肉球部分是肉色。肉球的顏色是皮膚的顏色，這隻貓4隻腳的腳尖都是白色的，所以腳尖不會形成褐色的色素，也不會顯現於皮膚上頭，因此肉球就像這樣成了肉色。雖然顏色不深，不過身體和尾巴可以找到濃淡的條紋花樣，因此可能具有T-基因。

【雌性：wwOOC-D-SsT-L-／雄性：wwOC-D-SsT-L-】

這隻貓全身的白毛部分相當大片，應該具有SS基因。頭上、背上一部分、尾巴上可見褐色的毛，是一隻褐白斑貓。尾部有環狀花紋，條紋花樣應該屬於鯖魚虎斑紋，但無法確定。

【雌性：wwOOC-D-SSL-／雄性：wwOC-D-SSL-】

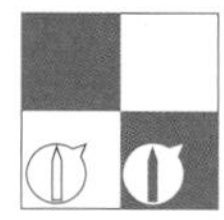

這隻貓的肚子是白毛，頭、耳、手腳是褐毛，但看得出褐色相當淡。代表這隻貓咪具有能使黑色和褐色的色素變淡的隱性基因dd（當具有dd時，黑毛會變成灰色的毛）。白毛是因S-的斑塊基因發揮作用而生。條紋花樣應該是鯖魚虎斑紋，但不確定，因此沒有寫出來。屬於短毛，因此具有L-。

【雌性：wwOOC-ddS-L-／雄性：wwOC-ddS-L-】

白虎斑

頭的大部分和身體的上半部有著虎斑貓的花紋。身體下半部可見白毛，因此是由虎斑和白毛所構成的白虎斑貓。這隻貓的背部、腹部一帶可見清楚的條紋花樣，但背部有一部分看起來像斑點。這種花色相較之下比較常見，大致上會分在虎斑的類別中。每根毛都是刺鼠毛，因此是A-；整個身體都有分布色素，因此是C-；黑色部分的色素很濃，因此是D-；具有條紋花樣，可知存在著T-基因。

由於有白斑，因此具有S-。褐色基因並未顯現性狀，雌性應該具有oo，雄性則具有o的隱性基因。毛的長度是短毛，因此是L-。

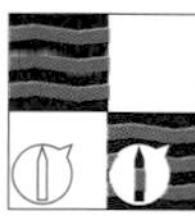

脖子下側、胸口、手腳前端呈白色，其餘部分則是虎斑花紋。白毛是在斑塊基因S的作用下生成，這是一隻白虎斑貓。白斑的部分，經常都像這樣位於身體下側和手腳前端等處，若延伸至背部那側，就會如第64、65頁那般，全身大部分都是白毛。

【雌性：wwooA-C-D-SsT-L- ／雄性：wwoA-C-D-SsT-L-】

辨別白虎斑貓的方式有很多種，像這樣仔細觀察尾巴時，若找到7 ～ 8條黑色的環狀花紋，即可得知這隻貓是虎斑花紋。尾巴根部附近有狀似褐毛的部分，但整體而言黑色部分都是刺鼠毛。白色的範圍很大，推斷應該具有SS。

【雌性：wwooA-C-D-SST-L- ／雄性：wwoA-C-D-SST-L-】

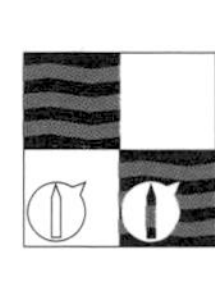

光看腳尖處會覺得「這是黑白斑貓嗎？」但請再仔細看一看。左眼上方的黑色條紋花樣，以及背部和尾巴上可以看見的灰褐色部分等處都是虎斑花紋，因此這是一隻白虎斑貓。白色部分占了身體的8成以上，很可能具有SS基因。腳底的黑色部分也是刺鼠毛。右腳尖的肉球部分，尖端是黑色，根部處則是肉色，可以得知這部分的皮膚同樣有某些地方形成黑色素，某些地方則沒有黑色素。

【雌性：wwooA-C-D-SST-L-／雄性：wwooA-C-D-SST-L-】

從虎斑花紋和白毛，可以判定這是一隻白虎斑貓。雖說如此，仔細觀察後卻會發現，背部虎斑花紋的黑色與茶褐色線條很粗，形成了巨大的漩渦狀。以生成線條花紋的基因而言，這並不是由生成鯖魚虎斑的T基因，而是由生成「寬紋虎斑（Blotched Tabby）」這種線條花紋的t^b發揮作用所致。t^b是隱性基因，因此唯有2個相同基因組合成t^bt^b（同型合子）時，才會出現這種線條。

【雌性：wwooA-C-D-S-t^bt^bL- ／雄性：wwoA-C-D-S-t^bt^bL-】

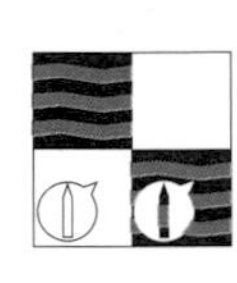

乍看之下給人的印象，是一隻灰色與白色的黑白斑貓。深灰色的線條部分跟淡褐色的線條部分交替顯現，創造出了有色的條紋花樣。這是一隻「淡色白虎斑」貓，在使黑色與褐色色素變淡的隱性基因dd的作用下，虎斑花紋因而變淡。花紋屬於鯖魚虎斑紋，因此具有T-。胸部和腹部等處有著清晰的白斑，因此是S-。屬於短毛，因此是L-。

【雌性：wwooA-C-ddS-T-L-／雄性：wwoA-C-ddS-T-L-】

黑雙色

請注意後腳前端和左肩一帶，明顯可見只有褐毛的部分。觀察額頭、前腳靠近腹部附近，則可得知長著純黑色的毛。這個部分並非刺鼠毛而是黑毛，因此具有aa。看起來沒有白毛，似乎也沒有白斑，因此具有ss。這是一隻黑雙色貓。

黑雙色的貓咪都是雌性（請參照第25頁），因此具有兩條X染色體，一條上頭具有O基因，另一條則具有o基因。由於沒有白毛，所以是ss；全身都有顯現出毛色，因此是C-；色素較濃，因此是D-；褐色有鯖魚虎斑紋，因此是T-；屬於短毛，因此是L-。

ww Oo aa C - D - ss T - L -

① 並非全身白色，因此是ww
② 有褐毛也有黑毛，因此是Oo
③ 黑毛並非刺鼠毛，因此是aa
④ 整個身體都有顏色，因此具有C
⑤ 整體顏色偏深色，因此具有D
⑥ 無白色斑塊，因此是ss
⑦ 有條紋花樣，因此具有T
⑧ 屬於短毛，因此具有L

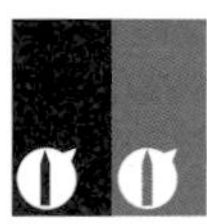

乍看之下或許像隻虎斑貓。仔細觀察後則會發現，從額頭至鼻梁附近全都是黑色。這個部分明顯是黑毛而非刺鼠毛，成了判別的關鍵。其周遭部分是褐色，看得出是單純的褐色。身體的其他部分並不清楚，假設沒有白毛，毛色僅由黑與褐構成，就是一隻黑雙色貓。

【雌性：wwOoaaC-D-ssT-L-】

鼻梁上覆蓋著黑毛，雙耳也可以看見黑毛。胸部一帶可見清晰的褐毛，由於沒有白毛，可知屬於黑雙色。這隻貓很年輕，下顎下側部分的毛還沒有發色。這是這個部位經常可見的無色素部分，而非白斑。

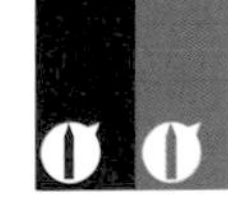

【雌性：wwOoaaC-D-ssT-L-】

這隻貓偏黑，看起來像是黑貓一樣，但身上有著零碎的褐色部分。鼻梁上的黑色部分是全黑的黑色，不是刺鼠毛，而是黑毛。眼上等處長有褐毛。從這些地方可以看出，這隻貓是由黑毛與褐毛所構成的黑雙色。左前腳可以看見約3個肉球，全部都是黑色。該處附近的毛也幾乎都是黑毛，由此可知皮膚上也形成了黑色素。

【雌性：wwOoaaC-D-ssT-L-】

臉的右半邊全黑，左半邊大部分呈褐色，這是一隻由黑毛與褐毛所構成的黑雙色貓。黑毛、褐毛簡直像用尺畫線般分成兩半。推測成因應該是胚胎發育的某個階段時，在O基因作用下生成褐毛的細胞，跟在o基因作用下生成黑毛的細胞分別增生，分布於臉的兩側所致。

【雌性：wwOoaaC-D-ssT-L-】

左邊的黑三花是貓媽媽，中間的黑三花和右側的黑雙色則是貓小孩。貓媽媽應該具有OoaaSs。中央的小貓具有OoaaS-，右側的小貓具有Ooaass。媽媽將斑塊基因遺傳給了中央的小貓，黑毛基因則同時遺傳給兩隻小貓。貓爸爸不得而知，但若只考慮上述基因，則可能擁有O或o、aa或Aa、Ss或ss，共可以搭配出8種基因型。

右側的黑雙色【雌性：wwOoaaC-D-ssT-L-】

手腳和額頭部分，都具有黑色與灰褐色交替的細條紋，似乎擁有刺鼠毛，因此推測是具有T基因的虎斑貓。不過仔細觀察後，發現背部和腰部有著單純褐色的部分。沒有白毛，整體而言明顯擁有刺鼠毛與褐毛這兩種毛色，因此是隻虎斑雙色。

褐毛是受到X染色體上的褐色基因O的影響而顯現。由於也出現了刺鼠毛，因此這隻貓咪應該具有O和o基因，換句話說，這是一隻具備兩條X染色體的雌貓。全身皆有色素，而且顏色很濃，可以得知具有C-、D-。沒有斑塊，因此具有ss。屬於短毛，因此是L-。

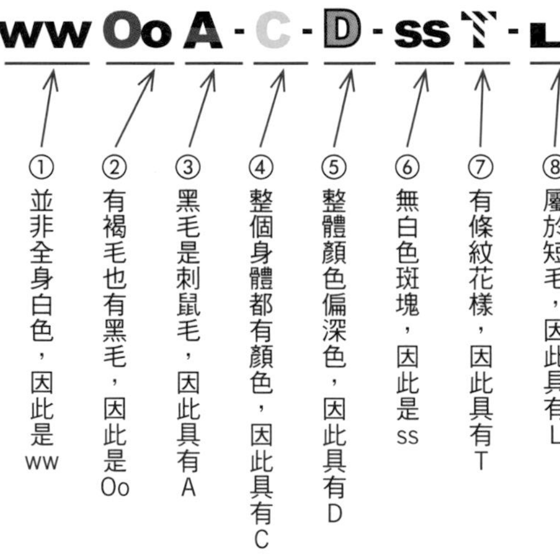

虎斑雙色的花紋經常會與虎斑混淆。在看這隻貓咪時，應該留意眼睛下方及其下脖子周圍的明亮褐毛。這些部分的褐毛明顯單獨存在，跟附近的刺鼠毛有所區別。其他部分則是虎斑。因此這隻貓是虎斑雙色。

【雌性：wwOoA-C-D-ssT-L-】

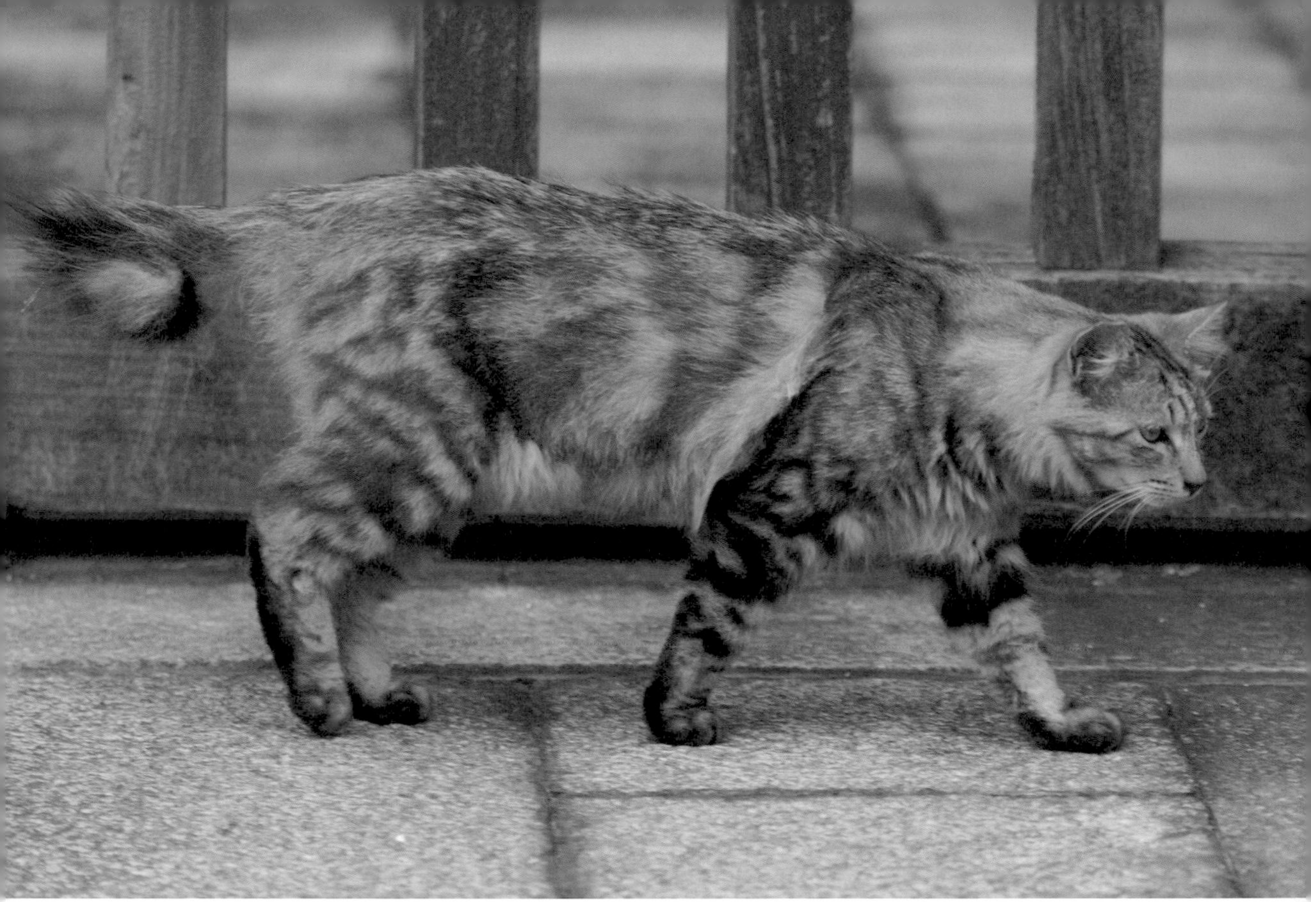

脖子與左耳一帶為褐色的毛，身體和手腳則有顯眼的黑毛。條紋花樣的紋路很粗，在身體側面形成巨大漩渦狀，跟鯖魚虎斑紋差異甚鉅。右前腳、右後腳極粗的條紋花樣也相當醒目。因此，這是一隻由寬紋虎斑（Blotched Tabby）的隱性基因形成同型合子t^bt^b的個體。身上沒有白毛、沒有斑塊。毛很蓬鬆，屬於長毛品種，應該是ll。

【雌性：wwOoA-C-D-sst^bt^bll】

屬於寬紋虎斑，因此是隱性的同型合子t^bt^b

屬於長毛，因此不是L，而是隱性的同型合子ll

全身有鯖魚虎斑紋，從額頭至鼻子處有淡淡的褐毛。但是給人的印象，卻跟常見的虎斑雙色大有不同。這隻貓咪是原本在日本不存在的銀色類型。銀色的貓較為人所知的是美國短毛貓，這隻貓或許是該品種成為野貓後留下的子孫。由於是雙色，因此在O顯現的區塊會變成褐色，o顯現的區塊，會因A基因的作用變成刺鼠毛，又會因顯性I基因的作用導致刺鼠毛的褐色變淡，因而形成前端部分呈黑色、下半部分偏白的毛。除此之外，由於刺鼠毛、褐毛的顏色都很淡，相信能使毛的色素變淡的dd基因也發揮了作用。

【雌性：wwOoA-C-ddI-ssT-L-】

wwOoA-C-ddI-ssT-L-

具有會使毛的褐色變淡的I基因

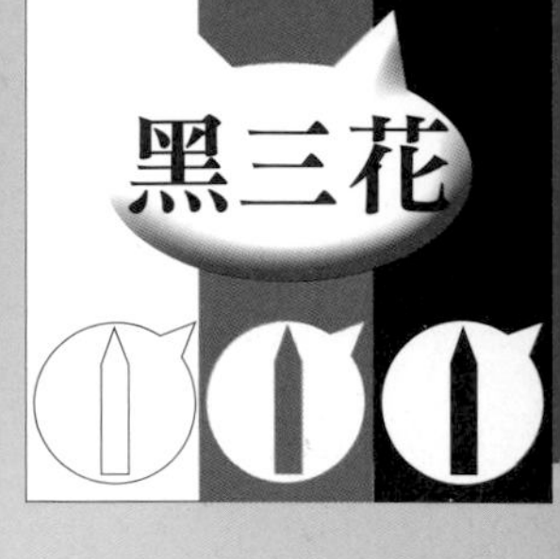

由白毛、褐毛、黑毛等三色所構成，可知是隻三花貓。黑毛清一色全是黑色，不是刺鼠毛。黑三花這種毛色，雌性的兩條X染色體，其中一條的O基因會顯現出褐毛，另一條X染色體上因為是o基因，所以aa基因會發揮作用，顯現出黑毛。黑三花的特徵是黑毛跟褐毛會分區生長。褐色部分看起來似乎帶有條紋花樣，因此應該具有T-。白毛占全身的一半以下，推斷應該是Ss。色素很濃，除白毛以外遍及全身，因此具有C-和D-。毛的長度屬於短毛，因此具有L-。

ww Oo aa C - D - S - T - L -

① 並非全身白色，因此是ww
② 有褐毛也有黑毛，因此是Oo
③ 黑毛並非刺鼠毛，因此是aa
④ 整個身體都有顏色，因此具有C
⑤ 整體顏色偏深色，因此具有D
⑥ 有白色斑塊，因此具有S
⑦ 有條紋花樣，因此很可能具有T
⑧ 屬於短毛，因此具有L

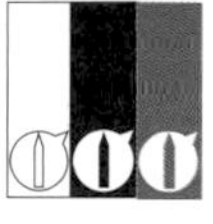

貓咪經常會舔毛清潔身體。這種時候貓咪都較為放鬆，因此是拍攝與觀察的大好機會，這隻貓遍及整體的黑毛很醒目。褐毛的區域不多，但在頭部、背部等處都可以清楚地辨識。前後的腳尖和脖子附近可以看見白毛，是一隻黑三花貓。尾巴很長，整條都是黑色。在野外環境中三花貓相當顯眼。

【雌性：wwOoaaC-D-S-L-】

貓咪似乎正在玩弄右手前方的那隻蜥蜴。年輕貓咪的好奇心尤其旺盛，對會動的物體反應很大。在食肉類之中，貓科動物可說是最優秀的獵人。這隻貓的身上也可以清楚看出黑毛、褐毛跟白毛，可知是一隻黑三花。黑三花跟虎斑三花有時候很難清楚區別，若黑毛區域看起來是整片的黑色，那就是黑三花貓。

【雌性：wwOoaaC-D-S-L-】

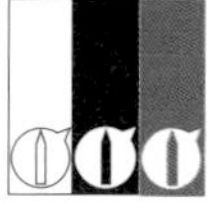

這是集白毛、褐毛、黑毛等三色於一身的黑三花，但整體的顏色似乎略顯黯淡。褐色與黑色整體都變淡了。d 基因會使毛中的黑、褐色素聚集起來，導致顏色在視覺上變淡。d 是隱性基因，因此形成同型合子 dd 才能發揮作用。野生類型的貓咪擁有顯性的 D 基因，色素不會像這樣變淡。

【雌性：wwOoaaC-ddS-L-】

ww Oo aa C - dd S - L -

毛色很淡，因此具有d基因的同型合子dd

虎斑三花

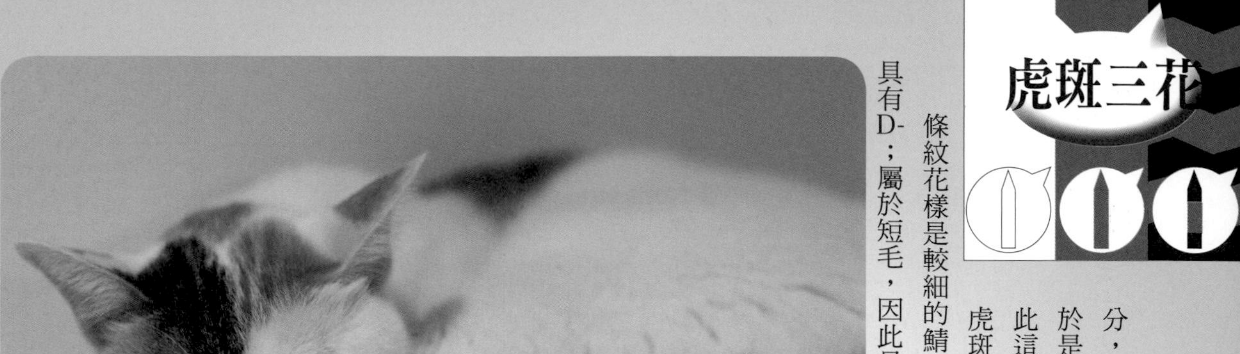

這隻貓咪似乎睡得相當舒服，讓人也跟著睏了起來。白毛占去身體的絕大部分，明顯具備S基因。黑色和灰褐色的毛出現在臉的右半邊、尾巴前端等處，由於是刺鼠毛，因此可知具有A基因。另外，在頭上和左耳等處也有褐色的毛，因此這隻貓應該是其中一條X染色體具有O基因，另一條則具有o基因。這是一隻虎斑三花貓。

條紋花樣是較細的鯖魚虎斑紋，因此具有T-；全身都有色素分布，因此具有C-；顏色很深，因此具有D-；屬於短毛，因此具有L-。

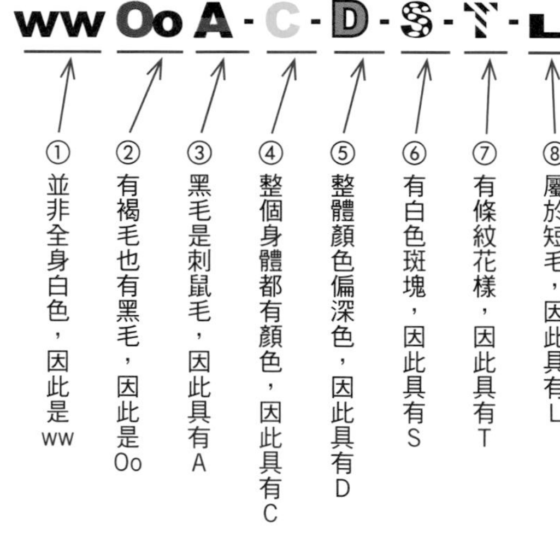

從臉的下半至胸部、前腳處都是白毛，臉的右半部至肩膀處可見些微的灰褐色與黑色花紋。臉的左半邊和軀幹部分也可看到清晰的褐毛。這是一隻虎斑三花貓。似乎正注視著某樣東西，眼睛跟耳朵看起來很緊張。這種姿勢在野外經常可見。

【雌性：wwOoA-C-D-S-T-L-】

粗尾巴上頭有超過10條的黑色環狀花紋。環與環之間長著灰褐色的毛，可知是刺鼠毛。白毛與褐毛同樣清楚分明，因此是一隻虎斑三花。虎斑的特徵花紋經常像這樣出現在尾巴上，要特別留意這邊。另外，4隻手腳的前端是白色的。形成白斑的S基因具有阻礙色素形成的作用。帶白斑的貓，白毛會自離身體較遠的手腳，一路延伸到腹、胸，最後到達背部，因此這世上不存在背部白色、腹部有顏色的貓咪。

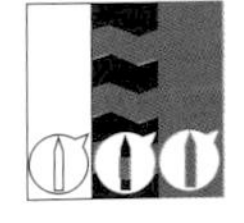

【雌性：wwOoA-C-D-S-T-L-】

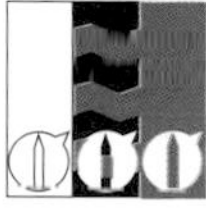

這隻貓的臉清爽又均衡。光線似乎相當強烈，瞳孔（虹膜）如線一般收縮成細細一條。貓咪的虹膜會像這樣收縮成直向的細長形，不會變成人類虹膜那樣的圓形。這隻貓的身上大部分都是白毛，似乎只有SS。從右眼的側邊到上方可以看見褐毛。額頭部分和雙眼側邊有鯖魚虎斑紋的特徵性線條。光看臉就知道是虎斑三花。

【雌性：wwOoA-C-D-S-T-L-】

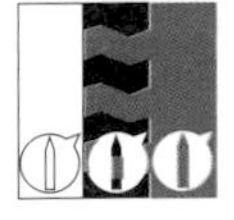

這是集褐色、黑色、白色等三色於一身的三花貓。仔細觀察黑色部分，線條狀是由深黑色的部分跟灰褐色的部分形成，這部分的每一根毛並非全黑，而是刺鼠毛，因此可知這是一隻虎斑三花。這隻貓的左耳尖端有缺角，據說若貓咪曾接受結紮手術，就會像這樣剪掉耳朵尖端，當作記號。

【雌性：wwOoA-C-D-S-T-L-】

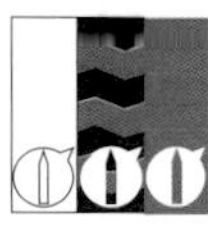

這是由灰色，淡褐色與白色等三色所構成的三花貓。仔細觀察，可以看出灰色部分裡有條紋花樣，可知具有鯖魚虎斑紋的T基因。這隻貓具有前面曾經提過，能使黑色、褐色的色素變淡的dd基因。由於感覺起來就像白虎斑的顏色變淡，說來或可稱為「淡色白虎斑」。近年來就連在野外，也時常會看到這樣的貓。

【雌性：wwOoA-C-ddS-T-L-】

蘇格蘭摺耳貓

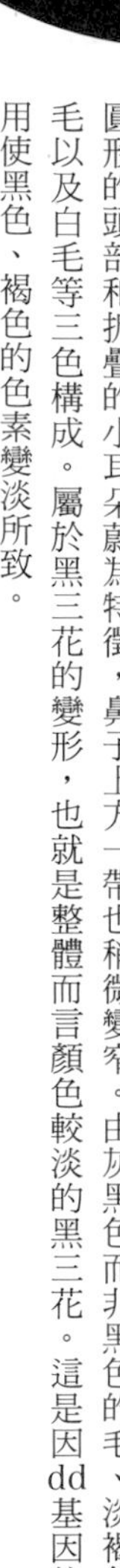

圓形的頭部和折疊的小耳朵蔚為特徵，鼻子上方一帶也稍微變窄。由灰黑色而非黑色的毛、淡褐色的毛以及白毛等三色構成。屬於黑三花的變形，也就是整體而言顏色較淡的黑三花。這是因dd基因的作用使黑色、褐色的色素變淡所致。

【雌性：wwOoaaC-ddS-L-】

美國短毛貓

以虎斑貓而言，黑色條紋顯得很粗，黑跟黑之間也不是灰褐色，而是灰色或銀色的毛。這種條紋花樣是因為鯖魚虎斑紋的T基因之突變型t^b組成同型合了t^bt^b所致，人稱「寬紋虎斑」。色素很濃，顏色遍布全身，因此具有C-、D-。刺鼠毛僅前端顯現黑色的色素，因此也具有抑制茶褐色部分的顯性基因I。

【雌性：wwooA-C-D-I-sst^bt^bL-／雄性：wwooA-C-D-I-sst^bt^bL-】

海豹重點色

黑毛僅在耳朵、鼻子尖端、尾巴末端可見。身體其他部分偏白的毛（奶油色）相當醒目，令人不禁覺得「是黑白斑嗎？」不過這與白斑並不相同，只在身體的末端部分顯現黑色素，偏白毛與黑毛的交界處也不分明。這是稱為「海豹重點色」的貓咪。體溫較高的身體中央部分不會形成色素，只有體溫較低的身體末端部分才會顯現色素。這種花色，是在野生型C基因的突變型隱性基因c^s（海豹重點色基因）形成同型合子c^sc^s之際才會出現。

【雌性：wwooaac^sc^sD-ssL- ／雄性：wwoaac^sc^sD-ssL-】

喜馬拉雅貓

白色和焦褐色的長毛很有特色，可知是具有長毛基因之同型合子ll的長毛品種。黑色素在臉、耳、手腳前端等處相當清晰，背部可看出色澤較淡的毛。這隻貓就跟右頁的貓一樣，在隱性基因c^sc^s的作用下，全身毛的色素只會出現在手腳末端、臉、耳、尾巴末端等處。由於並未出現條紋花樣，因此具有aa。

【雌性：wwooaac^sc^sD-ssll／雄性：wwoaac^sc^sD-ssll】

虎斑重點色

觀察臉和尾巴末端，似乎是一隻普通的鯖魚虎斑貓。身體的中央部分似乎微微可以看見條紋花樣，但相當模糊。這也是在隱性基因 c^sc^s 的作用下，導致全身毛的色素只出現在手腳末端、臉、耳、尾巴末端等處。

【雌性：wwooA-c^sc^sD-ssT-L-／雄性：wwoA-c^sc^sD-ssT-L-】

第三部分　基礎知識篇

進一步了解貓咪和遺傳

貓咪花色跟基因的關係，是否相當有趣呢？在第三部分，我們將針對遺傳和基因的機制，進行略加詳盡的說明。若前面的篇幅尚有一知半解的地方，相信在此處將能加深理解。另外，為了讓大家更熟悉貓咪，這個部分也介紹了馴養貓的歷史與貓咪的身體特徵。

貓咪飼養史

家貓的起源

獅子、老虎、狼、熊、貓熊等，皆是動物園的人氣明星，其實上述的動物全部都隸屬於**食肉目**（Carnivora）這個大群體。食肉目的大多數動物，皆會食用動物的肉過活，臼齒發展出了適合將肉咬斷的形狀。本書所談論的貓咪（**家貓**），同樣是其中的一員。

棲息於日本的野生小型貓，較著名的包括居於西表的西表山貓、居於對馬的對馬山貓等。這些貓的體型和毛色等處，皆與家貓具有共通的特徵，但從各項證據研判，牠們並不是家貓的直系祖先。

許多考古學上的證據慢慢顯示，家貓的祖先有可能是過去棲息於北非至西亞的**利比亞山貓**。一般認為利比亞山貓是歐洲山貓的亞種，後者的棲息範圍相當廣泛，從斯堪地那維亞遠至亞洲。近來，學者比較了許多山貓的亞種，以及棲息於世界各地的家貓的粒線體（細胞內的小胞器，有氧呼吸的主要場所）DNA有何差異。結果正如學者們所推測，約13萬年前棲息於中東沙漠等處的利比亞山貓，正是每一隻家貓共同的祖先。相較於其他山貓類，利比亞山貓的性情較為親人，因此學者推斷利比亞山貓較容易被我們的祖先馴化成家畜。

對馬山貓

利比亞山貓

人類歷經了一邊持續移動，一邊藉由狩獵、採集取得日常糧食的時代後，推測在大約一萬一千年前，展開了以農耕為重心的定居生活。從那時起，我們的祖先開始懂得將收穫的作物、採集的樹木果實存放起來。這麼一來導致了**老鼠**在人類的住家附近出沒覓食，將儲藏庫內及農地的作物吃得亂七八糟。

從家畜到寵物

當大量老鼠在人類的定居地附近興旺繁衍，想捕食老鼠的利比亞山貓，也開始出現在人類社會的附近。這種貓相當擅長打獵，人們發現牠們很會消滅討厭的老鼠，便開始珍視貓咪。相信當時的人們應該偶爾會餵食貓咪，也曾經飼養跟母貓走散的幼貓吧。相較於其他的山貓，利比亞山貓的個性順從、容易馴服，從此也慣於受到人類的馴養。一般普遍認為，能夠防止農耕地、儲藏庫蒙受鼠害的貓咪，因而逐漸取得舉足輕重的地位，成為必須重視與保護的伙伴，促進了**家畜化**的趨勢。

在**埃及**，從公元前二三〇〇～二〇〇〇年，貓咪就已經完全成為家畜了。目前也已發現許多貓咪皆被葬於墓中、做成木乃伊。在古埃及，貓咪是受到崇拜的神獸，似乎嚴禁攜至國外。然而，商人們仍偷偷將貓咪帶出，導致貓咪逐漸成為高價交易的**寵物**，往各地蔓延。

其後，隨著商業活動擴大，貓咪藉由海路運往印度，另外也透過絲路運送至中國。貓咪於五世紀時在中國、六世紀時在日本定居。在這些國度，貓咪能夠保護珍貴的蠶繭不被老鼠偷吃，因而備受珍視。另外尚有一說，指貓咪被帶至日本的最初目的，是要保護佛教經典不被老鼠吃掉。

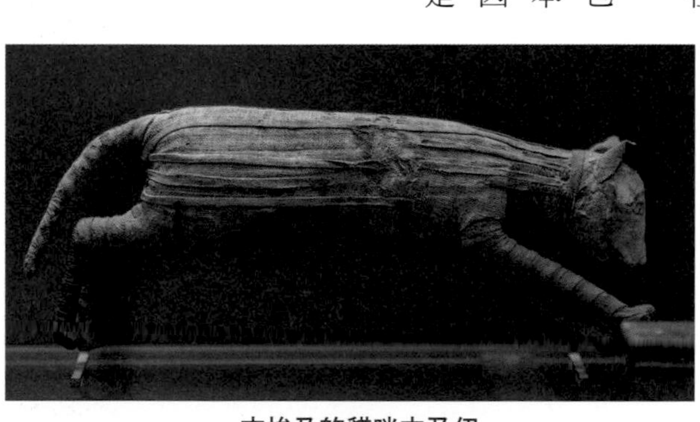

古埃及的貓咪木乃伊

貓咪在日本的書籍、繪畫中登場

平安時代，貓咪在日本歷史上首次現身。在宇多天皇（八六七～九三一）的日記當中，出現了貓咪的相關記述，一般認為這是史上最古老的豢養貓紀錄。日記之中的描述如下：「皆淺黑色也，此獨深黑如墨（貓咪全部都是淺黑色的，這隻卻跟墨一樣黑）。」換句話說，這隻貓咪明顯是隻黑貓。

其後，在各式各樣的繪畫和文章裡頭，都曾經描繪或描述過貓咪。隨著時代大幅往後，貓咪在江戶時代被畫進了浮世繪和圖畫小說。在這當中，歌川國芳更因經常畫貓而為眾人所知（下圖）。

歌川國芳《其ま>地口 猫飼好五十三疋》（嘉永元年，1848年）

此畫作藉由描繪貓咪的動作，諧音呈現東海道五十三次的驛站名稱。例如品川（SHINAGAWA）的諧音為「白顏（SHIRAGAO）」、川崎（KAWASAKI）的諧音為「蒲燒（KABAYAKI）」等。

貓咪的骨骼與特徵

在此先暫且不談先前所討論的貓咪毛色和花紋，想帶大家認識一下平時少有機會看見的貓咪骨骼。從圖1至圖5是同一隻貓咪個體的照片，貓咪的品種是「美國捲耳貓」。

貓咪的頭與牙齒

與狗相比，貓咪頭部給人的印象較不細長、少有凹凸。圖1和圖2可以明顯看出，其**頭骨**的前後較短，鼻尖並未太過突出。另外我們還可以看出，容納**眼球**的部分非常大，並且朝向前方。巨大的眼球，可以有效辨別獵物的動向。

上顎的**犬齒**（圖1、2的黃箭頭）相當長，尖銳的末端非常醒目。這種牙齒可以用來咬住獵物，撕開堅韌的皮膚，可以當作具有高度殺傷力的武器來使用。上顎兩側長有一對尖銳隆起且末端鋒利的牙齒，稱為**切裂齒**（圖3的藍箭頭）。

下顎處當然也有尖銳隆起的大牙齒，這上下兩根牙齒就像剪刀一般，是足以粉碎肉和骨頭的構造。貓咪不像狗會食用骨頭的內容物（骨髓），不需要將骨頭咯啦咯啦地弄碎，因此也就不具備形狀適合用來磨碎的牙齒。下巴的關節面跟臼齒的咬合面幾乎位於水平位置，下顎僅能上下移動，無法前後左右動作。人類則屬於雜食性，因此下顎可以朝前後左右大幅移動。下回在啃咬物品時，不妨試著動動看。

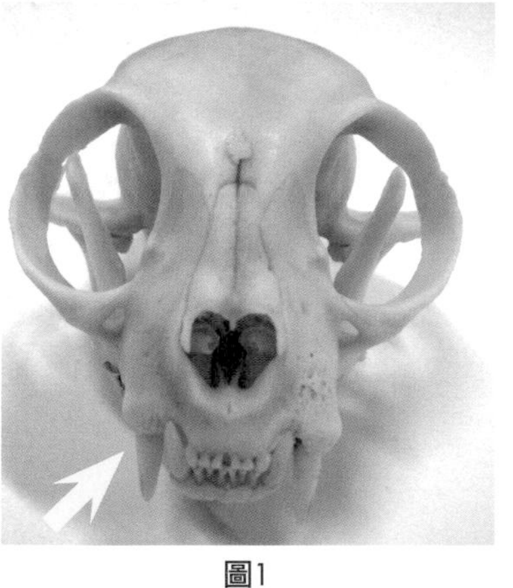

圖1

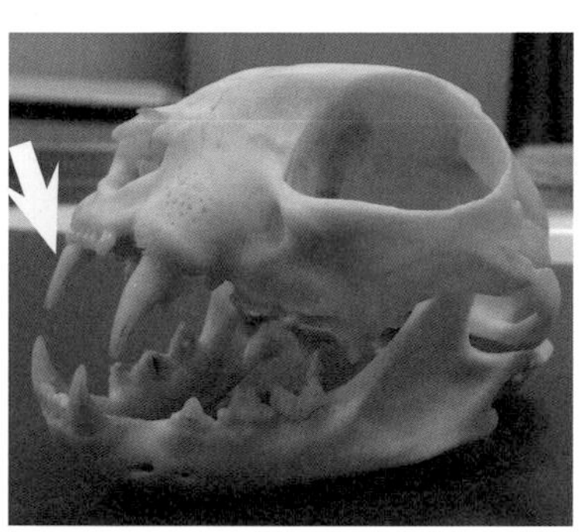

圖2

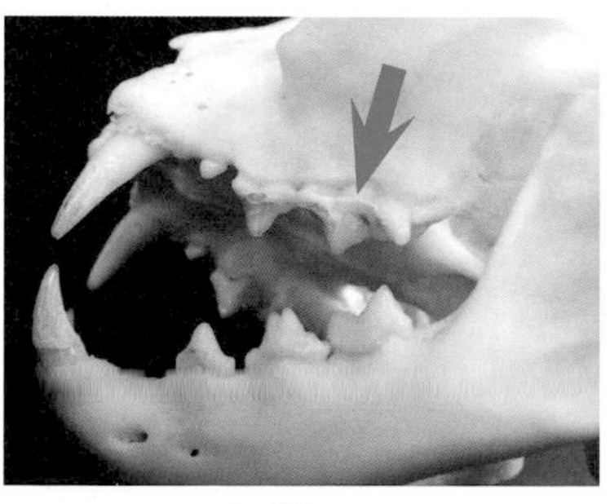

圖3

貓咪的四肢

貓類一方面擁有這般特化的牙齒，身體跟四肢的骨頭卻仍保有哺乳類的原型。牠們具備較長的手腳，能夠靜悄悄地靠近獵物，且適合飛快地發動攻擊；體格上則適合短距離迅速移動。在出擊之際，貓會用後腳跳起，背部曲起，以前腳降落到獵物身上。為了在此時能夠確實固定獵物，牠們手腳的指尖備有極為發達的尖銳**鉤爪**。圖4是貓咪左前腳的骨骼，末端的骨頭（末節指骨）上有著淡褐色的鉤爪（圖4的紅箭頭）。貓在移動時，會將手腳的指骨全部貼地行走。奔跑時為了避免妨礙，手腳末端的結構可以將爪子收起。不僅如此，為了吸收奔跑時的衝擊力道，著地的部分長有發達的**肉球**。

貓咪會運用整個脊椎周遭的肌肉，透過彎曲、伸展軀幹的方式，進一步增強奔跑能力。藉由這個動作，貓咪每步的步伐得以擴大，對提升奔跑速度大有裨益。圖5是貓咪的全身骨骼，可以看出長長的手腳，以及柔軟具有高度可動性的脊椎。

（圖1～5之骨骼標本藏於栃木縣立博物館）

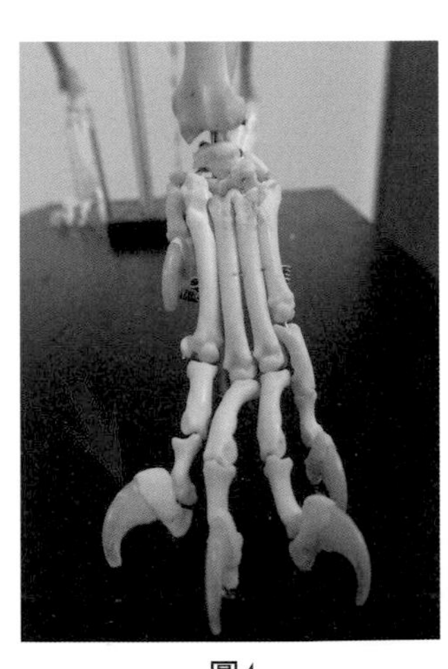

圖4

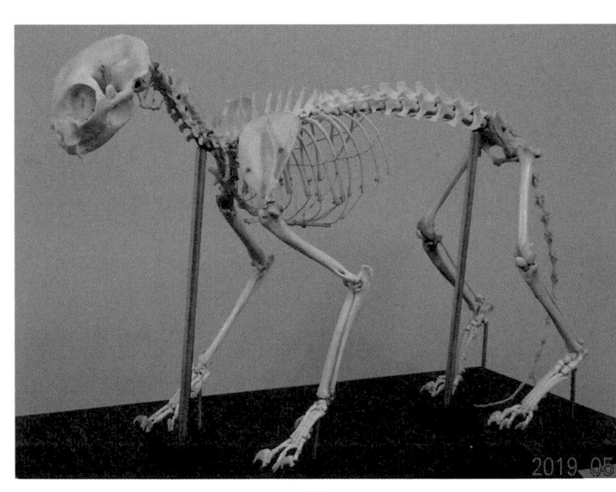

圖5

基因與染色體

基因能夠決定生物的型態、特性等，生物身上具有為數眾多的基因（貓咪約有兩萬個）。基因排列於細胞核內所含的**染色體**上。其本體就是人稱**DNA**的物質（圖1）。

基因與染色體

在第25頁時我們曾經說明，由於創造褐毛的O基因位於性染色體上頭，導致雄性和雌性攜帶基因的形式並不相同，本篇將進一步深入解說其運作機制。

染色體由2條配成1對。其數量依物種而定，人類具有46條（23對），貓咪則是38條（19對）。幾乎所有染色體，都是由形狀、尺寸相同者（**同源染色體**）組成一對。而某個基因會位於哪條染色體上的哪個位置，則依物種而定。換言之，基因會位於2條成對染色體上的相同位置，因此兩兩成對。那麼，染色體為什麼會2條1對呢？

動物會藉由精子與卵子受精，創造出發展成新生命體的受精卵。為此，雄性會製造精子，雌性會製造卵子。此時會發生稱為**減數分裂**的細胞分裂，2條成對的染色體會分成1條1條分頭進入不同的子細胞中，使數量減少成一半。因此，精子和卵子所擁有的染色體僅有1條，並未成對。當它們透過受精結合，細胞內的染色體就會恢復成2條1對（圖2）。此時，染色體會有多種組合方式，個體的基因型因而富有多元的可能性。

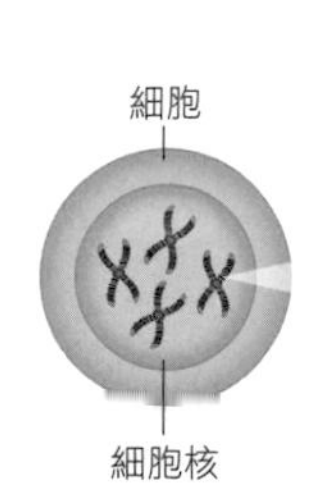

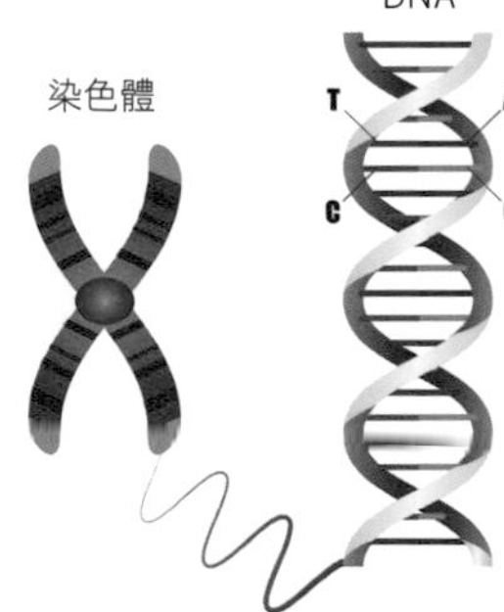

圖1　細胞－染色體－DNA

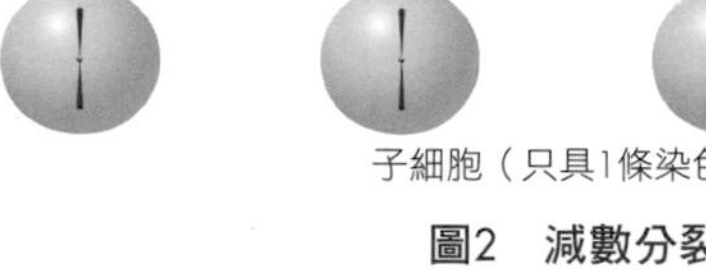

圖2　減數分裂

性染色體與性別

不過，唯有一對染色體例外，那就是**性染色體**（其餘染色體稱為**體染色體**）。前面篇幅也已提過，雄性和雌性的性染色體組成並不相同，以人類和貓咪而言，雄性各擁有1條稱為X和Y的染色體，雌性則擁有2條X染色體。性染色體的搭配，會決定個體成為雄性或者雌性。

請看看範例。如同圖3這般，雄性的細胞裡具有AA BB XY，雌性的細胞裡則具有AA BB XX染色體。A、B、X、Y是染色體的代號。

在雄性製造精子的減數分裂過程中，性染色體會各自分開，產出的**精子**將有半數具有ABX染色體，另外半數具有ABY染色體。另一方面，當雌性在製造卵子時，所有**卵子**的染色體則皆會是ABX。

由精子與卵子受精而生的**受精卵**，具有AA BB XX者與具有AA BB XY將各占一半。前者會成為雌性，後者則會成為雄性。

由此可知，動物的性別取決於X、Y的性染色體，其比例是1比1。O基因就位在X性染色體上頭，在雄性身上僅有1個，性狀顯現的機制因而跟位於體染色體上的基因有所差異。請務必再一次閱讀第25頁的內容。

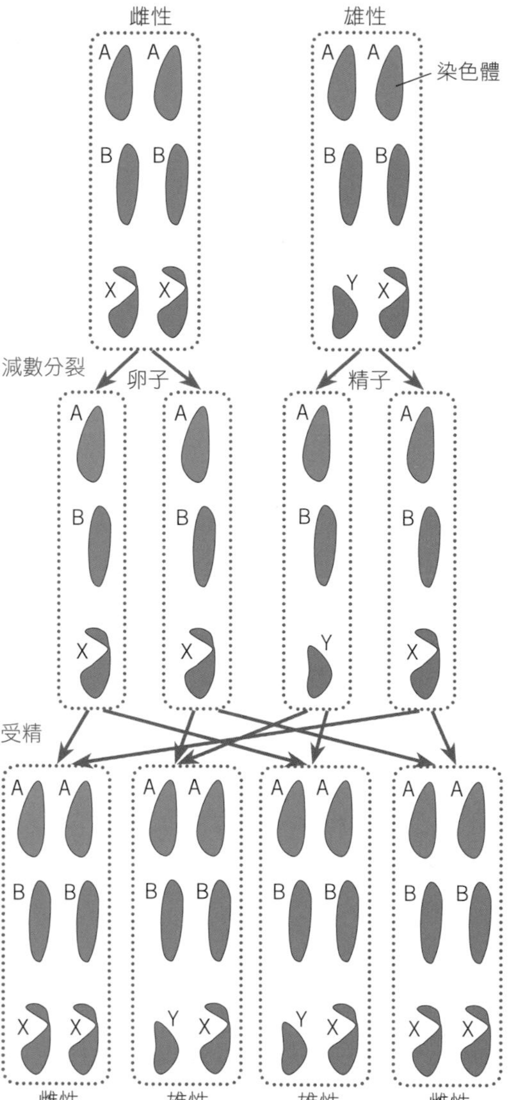

圖3　受精與性染色體
精子和卵子數量只呈現實際的一半。

孟德爾遺傳法則

黑色的雄貓跟黑白斑的雌貓，會生出怎樣的貓咪呢？假設黑色的雄貓具備aass、黑白斑的雌貓具備aaSS基因型，減數分裂所產生的精子會是as，卵子則是aS。以這兩隻貓為親代，受精卵將擁有aaSs基因型，所有出生的孩子都會是黑白斑。這個過程符合**孟德爾遺傳法則**。孟德爾遺傳法則由下列三大定律組成。

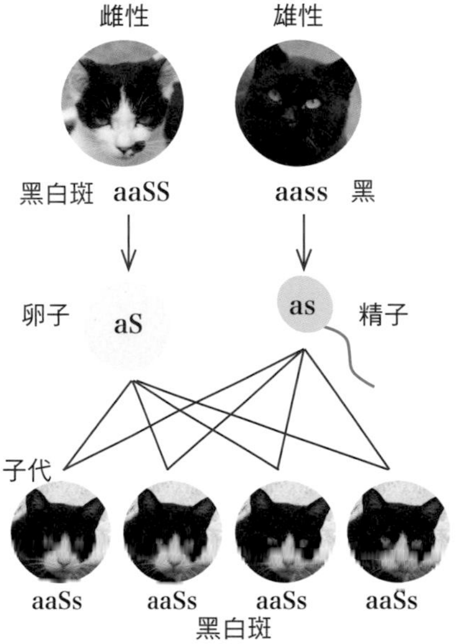

雌性
雄性
黑白斑 aaSS
aass 黑
卵子 aS
as 精子
子代
aaSs aaSs aaSs aaSs
黑白斑

①顯性定律

在右側貓咪的例子當中，具有兩個白斑基因S的SS雌性，跟具有兩個無白斑基因s的ss雄性雙方都是**純種**。牠們交配後所生下的孩子，會由母方獲得一個S、由父方獲得一個s，因此將擁有Ss基因型，而成為白斑。這是因為創造白斑的S是**顯性基因**，不會創造白斑的s則是**隱性基因**。若同時具有這兩種基因，顯性基因的性狀將會顯現，隱性基因的性狀則會隱藏。這兩者稱為**對偶性狀**，創造出它們的基因則稱為**等位基因**。

顯性和隱性，就是藉此定義出來的詞語。有些人似乎會誤以為顯性就等於優秀、隱形就等於粗劣等，其實完全不具有這類意涵。

②分離定律

所謂**配子**，以動物而言即是指卵子和精子。普通的細胞（體細胞）含有兩兩成對的基因，在配子中則僅含有一個。這是因為在減數分裂時，相同染色體會分配到不同的配子之中。舉例而言，Ss在減數分裂之際會分成S跟s，不會「變成」Ss的型態。因此，配子只可能擁有等位基因的其中一種。

前面談到黑貓與黑白斑貓的小孩，全都會是具有aaSs的黑白斑貓。那麼，具有aaSs的雄性與雌性黑白斑貓，又會生出怎樣的孩子呢？

如同下圖，答案是會生出黑貓和黑白斑貓。不會創造白斑的隱性s基因，雖然不會在子代身上顯現出性狀，但基因仍然會受到分配與保留，最終在孫代身上顯現出其性狀。

在孟德爾的時代，人們對於染色體和基因的關係、減數分裂的過程等並不了解。在這樣的情況下，他卻能推導出這番論點，可說相當值得讚賞。

③獨立分配律

假設具有aaSS的黑白斑雄貓，跟具有AAss的虎斑雌貓交配，孩子將全數變成AaSs的白虎斑（表1）。其子代的配子，產生比例為AS：As：aS：as＝1：1：1：1。

這些子代交配後所產生的下一代，比例則為AASS：AASs：AAss：AaSS：AaSs：Aass：aaSS：aaSs：aass＝1：2：1：2：4：2：1：2：1。從表現型來看，就會是白虎斑：虎斑：黑白斑：黑＝9：3：3：1（表2）。

這個法則之所以會成立，是因為好幾對的等位基因，會分別位在各自所屬的相同染色體上。實際上，A-a基因位於貓咪的A3染色體上，S-s基因則位於B1染色體上。因此，A-a基因跟S-s基因並不會互相造成影響，而會各自獨立遺傳下去。有鑑於此，我們可以寫出下列這般的組合表。

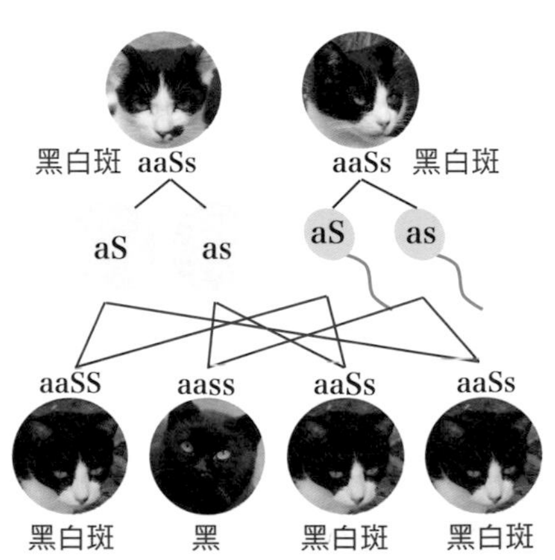

表1

雄性／雌性	aS	aS
As	AaSs	AaSs
As	AaSs	AaSs

表2

雄性／雌性	AS	As	aS	as
AS	AASS	AASs	AaSS	AaSs
As	AASs	AAss	AaSs	Aass
aS	AaSS	AsSs	aaSS	aaSs
as	AaSs	Aass	aaSs	aass

□：白虎斑　■：虎斑　□：黑白斑　■：黑

附錄

貓咪基因猜一猜

一路讀到此處的各位，相信光看見身旁貓咪的樣貌，就能得知該貓咪帶有何種基因。接下來會列出數道練習題，請務必挑戰看看。剛開始或許會覺得有點難，在慢慢習慣後，必定可以掌握到訣竅。這樣一來，在街上邂逅貓咪時也會更加歡樂！

如果不小心忘了某基因的作用為何，請翻回第一部分，確認過後再來解題。另外，在下列問題中，「**基因型**」是指並列的數種基因代號，「**表現型**」則是指基因作用外顯時的顏色、型態等。

問題1　白色基因　W-w

W基因會使貓咪全身的毛色變成白色，當貓身上最少擁有一個W基因，全身就會變成白色，不會顯現褐色或黑色等毛色。基於此，具有WW或Ww的貓咪會是白色的，具有ww的貓咪，身上的某處則會出現褐色、黑色等顏色（為求方便，在此稱為非白色）。下列問題，請單就W和w來思考。

❶ 全身白色的雌性，跟一樣全身白的雄性個體交配後生下小貓，其體色的比例為「白色：非白色＝3：1」。此時雙親的基因型為何？

❷ 非白色雌性跟白色雄性個體交配後，生下一隻擁有黑毛的小貓。雙親與其所生下的小貓，基因型為何？

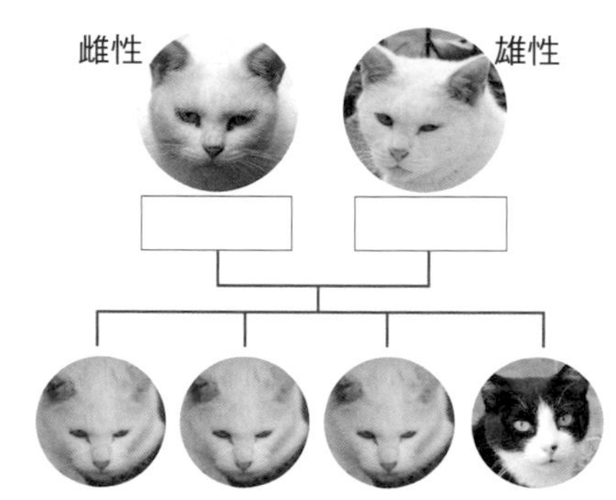

問題2　白斑基因　S-s

當貓咪身體有部分或大部分是白色，且同時擁有黑毛、褐毛或其他顏色的毛，就稱為「白斑」。白斑並不是因為W基因，而是因白斑基因S才顯現的。具有S的貓咪，身體會有一部分變成白毛；具有ss的貓咪，則完全沒有白毛（為求方便，在此稱為「無白斑」）。這一題請單就S跟s來思考。

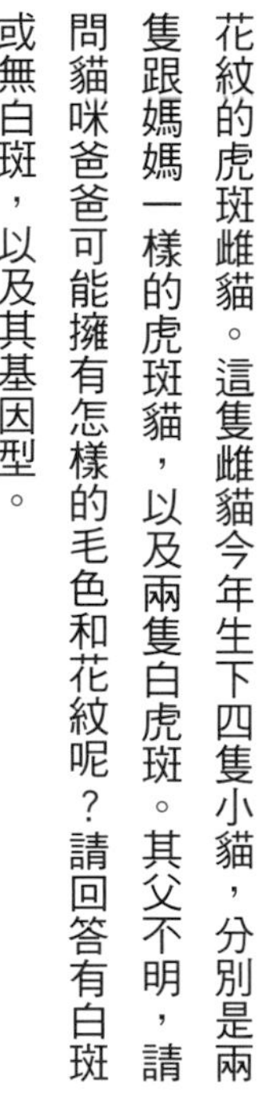

❶ 隔壁人家有一隻身上未帶白毛（無白斑）、全身具有虎斑花紋的虎斑雌貓。這隻雌貓今年生下四隻小貓，分別是兩隻跟媽媽一樣的虎斑貓，以及兩隻白虎斑。其父不明，請問貓咪爸爸可能擁有怎樣的毛色和花紋呢？請回答有白斑或無白斑，以及其基因型。

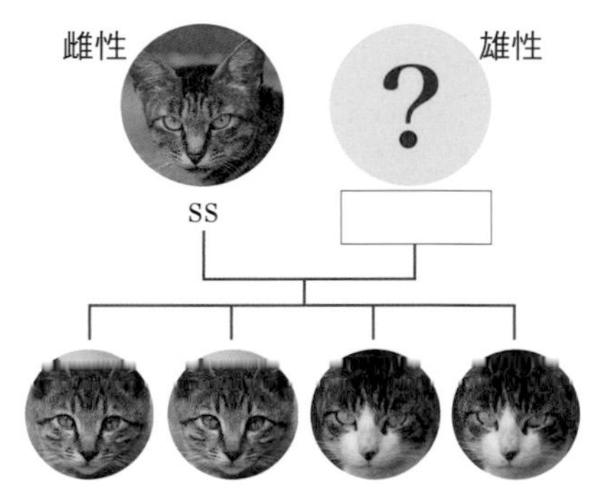

問題3 三種基因的組合

W-w
A-a
S-s

有著下列毛色和花紋的貓咪爸爸和貓咪媽媽交配後，小貓可能會出現何種花紋呢？這次我們增加基因的類型，請就W-w、A-a、S-s這三種基因來思考。另外，如同第102頁曾說明過的，這些基因都位於各自所屬的染色體上，因此在遺傳時不會交互影響。此外，推論時請不必考慮出現的比例。

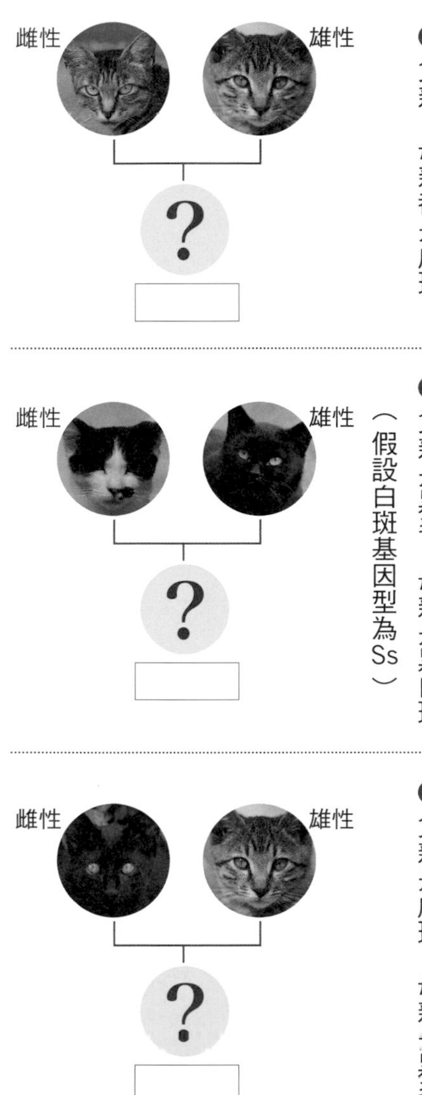

❶ 父親、母親都是虎斑

❷ 父親是黑毛，母親是黑白斑（假設白斑基因型為Ss）

❸ 父親是虎斑，母親是黑毛

問題4 O基因的機制 O-o

請回答下列貓咪毛色的相關問題。不過，基因部分只考慮O-o、A-a、S-s即可；下列所有的貓咪都具有ww，已經予以省略。此外，X、Y分別代表著X染色體、Y染色體。另外，X^O代表著位於X染色體上的顯性基因O，X^o代表著X染色體上的隱性基因o。O-o基因不存在於Y染色體上（請參照第25頁）。

❶ 貓咪擁有下列基因時，請判斷其毛色和花紋。

雌性

(1) X^oX^oaass

(2) X^OX^oaaSs

(3) X^OX^oaass

雄性

(4) X^OYaaSs

(5) X^oYaass

(6) X^oYaaSs

❷ 黑毛貓爸爸（X^oYaass）與黑雙色貓媽媽（X^OX^oaass）交配而得的小貓，會顯現出何種花色呢？

請分別按孩子是雄性及雌性的情況作答。

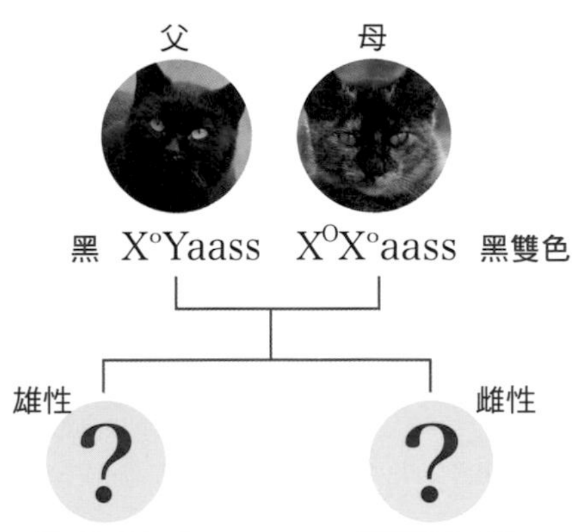

答案與解說

問題1

❶ **答案　父母都是Ww**

全身白的貓咪必定具有W。因此這裡的雄性和雌性，不是WW就是Ww。已知出生後的小貓體色是白色：非白色＝3：1，此為推論時的條件。假使是WW跟WW交配，孩子必定會是WW，全數皆會變成白色。若是WW跟Ww的雙親，則將生下WW或Ww的孩子，兩種都會變成白色。因此上述情況皆可刪去。當雙親是Ww和Ww時，如同下表，子代可能有WW、Ww及ww這三種，出現比例為1：2：1。由此可以確定，雙親的基因型不論雄性、雌性都是Ww。

Ww＼Ww	W	w
W	WW	Ww
w	Ww	ww

❷ **答案　母ww、父Ww、小孩ww**

非白色的雌性，意即具備帶有顏色的毛，基因型中不含W，而是ww。白色雄性的基因型可能是WW或Ww。交配後生下了擁有黑毛的小孩，因此可知其子為ww。如果雄性是WW，由於交配的雌性是ww，因此小孩必定會是Ww，變成白色；若雄性是Ww，由於交配的雌性是ww，因此生下的小孩有Ww和ww兩種，出現的可能為1：1。由此可知，答案是後者。

問題2

❶ **答案　父親有白斑，具有Ss基因型**

雌貓媽媽不具有白毛、無白斑，因此絕對是ss，生下來的虎斑小孩無白斑，因此是ss；白虎斑小孩可能是SS或Ss。基因型不明的貓爸爸，在S部分，有可能是SS、Ss、ss的其中一種。若父親是SS，由於母親是ss，小孩必定會是Ss，全部都會變成白斑貓。當父親是ss、母親也是ss之際，小孩必定是ss，全數皆會變成無白斑。當父親是Ss，由於母親是ss，如同下表，就會生出Ss白斑和ss無白斑的小孩。

Ss＼ss	s	s
S	Ss	Ss
s	ss	ss

問題3

❶ **答案　虎斑或黑毛**（雙親為wwAass×wwAass時會出現黑貓）

父母都顯現虎斑（顏色和花紋），因此具有ww。另外也沒有白斑，因此雙方都具有ss。是以，父母都具有wwss，小孩必定會具有wwss。

接著就要思考A和a的問題。所謂虎斑是指擁有刺鼠毛，而非黑毛，因此可知不是AA就是Aa。當父母都是AA，小孩也都會是AA，全部都會變成虎斑；當父母是AA和Aa時，孩子將是AA或Aa，同樣都會變成虎斑；當父母都是Aa時，小孩可能是AA、Aa、aa的其中一種，前兩種是虎斑，aa則會變成黑毛。

❷ **答案　黑白斑或黑毛**（wwaaSs或wwaass）

由於父親為黑毛，不具有白斑，因此是wwaass。母親是黑白斑，題目已設定為Ss，因此是wwaaSs。兩者交配之下，小孩必定會具有wwaa，是以只需思考ss與Ss交配的部分即可。如此一來，可知生下的小孩可能是Ss的黑白斑或ss的黑毛。

❸ **答案　虎斑或黑毛**

父親是wwAAss或wwAass，母親是wwaass。由於雙親都具有wwss，因此小孩必定也會具有wwss。當父親是Aa，小孩有可能是Aa或aa；前者會變成虎斑，後者會變成黑毛。

問題4

❶ **答案**

(1) aa是黑毛，ss無白斑，X^oX^o會顯現褐色以外的顏色，因此整體會變成「**黑毛**」。

(2) aa是黑毛，Ss有白斑，X^OX^o會同時出現褐與黑，因此整體會變成「**黑三花**」。

(3) aa是黑毛，ss無白斑，X^OX^o會同時出現褐與黑，因此整體會變成「**黑雙色**」。

(4) Ss有白斑，X^OY會製造出褐毛，抑制住原本應該因aa而顯現的黑毛，因此整體會變成「**褐白斑**」。

(5) ss無白斑，X^oY不會製造褐毛，將變成其他毛色；而在aa作用下會形成黑毛，因此整體會變成「**黑毛**」。

(6) Ss有白斑，X^oY不會製造褐毛，將變成其他毛色；而在aa作用下會形成黑毛，因此整體會變成「**黑白斑**」。

❷ **答案　雌性：黑雙色或黑毛、雄性：褐毛或黑毛**

父親具有X^oYaass，其所製造出的精子有兩種基因分配形式，會產生等量的X^oas和Yas。

母親具有X^OX^oaass，其所製造出的卵子，同樣也會有X^Oas、X^oas這兩種，產生的數量也是一樣。

先製成下表，再思考各類型的交配結果，就會變得相當好懂。

卵子＼精子	X^oas	Yas
X^Oas	X^OX^oaass	X^OYaass
X^oas	X^oX^oaass	X^oYaass

決定貓咪性別的是XY型，具有XX會成為雌性，XY則成為雄性。

參照表中雌性的欄位，X^OX^oaass為黑雙色，X^oX^oaass則是黑毛。參照表中雄性的欄位，X^OYaass會成為褐毛，X^oYaass則會成為黑毛。

統整上述結果，可分別得出下列結論：「雌性可能是黑雙色或黑毛」、「雄性可能是褐毛或黑毛」（雄性的顯現比例褐毛：黑毛＝1：1；雌性則為黑雙色：黑毛＝1：1）。

參考文獻

① 野澤謙〈ネコの毛色多型(1)～(3)〉遺伝44，（10）～（12），（1990）

② 野澤謙・並河鷹夫・川本芳〈日本猫の毛色などの形質に見られる遺伝的多型〉在来家畜研究会報告13，51-115（1990）

③ 野澤謙《動物集団の遺伝学》名古屋大学出版会（1994）

④ 野澤謙《ネコの毛並み》裳華房（1996）

⑤ 野澤謙・川本芳〈日本猫の毛色などの形質に見られる遺伝的多型　第４回集計結果：日本本土内市町村副次集団における多型の統計的分析〉在来家畜研究会報告26：105-139（2013）

⑥ 遠藤秀紀《哺乳類の進化》東京大学出版会（2002）

⑦ 今泉忠明《飼い猫のひみつ》イースト・プレス（2017）

⑧ 大石孝雄《ネコの動物学》東京大学出版会（2013）

⑨ 仁川純一《ネコと遺伝学》コロナ社（2003）

⑩ 仁川純一《ネコと分子遺伝学》コロナ社（2013）

⑪ 柚木直也〈ネコの毛色変異　なぜ三毛ネコはメスだけなの？〉遺伝62（6），25-31（2008）

⑫ アルフレッド・S・ローマー，川島誠一郎譯《脊椎動物の歴史》どうぶつ社（1987）

⑬ ジョン・ブラッドショー，羽田詩津子譯《猫的感覚》早川書房（2017）

⑭ 桐野作人《猫の日本史》洋泉社（2017）

⑮ 浅羽宏〈ネコの毛色の遺伝〉遺伝54（7），81-86（2000）

⑯ 浅羽宏〈ネコを調べて集団遺伝を理解する〉蔵出し生物実験《遺伝》別冊18号，75-78（2005）

⑰ 浅羽宏〈《ネコの毛色》の教材化と実践〉東京学芸大学附属高校研究紀要Vol.49，p.23-30（2012）

⑱ Using the domestic cat in the teaching of genetics , Judith F. Kinnear. *Journal of Biological Education*, 20（1）:5-11.（1986）

⑲ Genetics of the Domestic Cat A Lab Exercise, Roger E. Quackenbush. *The American Biology Teacher*, 54, No.1:29-32.（1992）

⑳ Genetics for Cat Breeders 3rd Edition, Roy Robinson, Butterworth Heinenmann（1990）

㉑ Cats as an Aid to Teaching Genetics, Alan C. Christensen. *Genetics* 155:999-1004（2000）

■ 照片版權

作 者　p.6，7左，10右下，13下，14，16，17下，21下，51，81，97，98

Shutterstock　p.7右（Lids123），34（thirawatana phaisalratana），35（Joji Shima），37（noomcpk），45（Anna Andersson Fotografi），46（Fotorina），50（Pierre Aden），72（Chepko Danil Vitalevich），75（Dan Shachar），89（Puripat Lertpunyaroj），90（DecemberDah），91（Anne Richard），92（Elya Vatel），94（nekoD）右，94（EcoPrint）左，95（Andrea Izzotti），99右（Ody_Stocker），99左（Aldona Griskeviciene）

除上述外則為坂井雅人（其中p.21、47、88拍攝於「ねこコレ新潟市役所前店」）

後記

在我小學低年級時，家中曾養著一隻雌性的虎斑貓。某次，我在家附近的廟會買了小雞，小心翼翼地帶回家中。當時貓咪正好跑了過來。一切在瞬間就結束了。幼小的小雞，被貓咪的前腳一擊奪命。那是貓咪無愧於獵人身分的精彩演出，然而自那時起，我就變得不太喜歡貓咪了。這是我童年時對於貓咪的記憶。

大約二十年前，我從京都大學榮譽教授：野澤謙先生的著作《ネコの毛並み（貓咪的毛色）》（裳華房，一九九六年），得知了貓咪毛色和花紋的顯現方式，可以大致由十餘種基因的運作方式來解釋。讓在此之前不怎麼喜歡貓咪的我，跟貓咪之間有了全新的命運邂逅。從此之後，我便深受貓咪毛色與花紋的遺傳之妙所吸引，持續抱持著強烈的興趣和關切。在假日時，我會帶著相機到各地拍攝貓咪的照片，思考每隻個體所具備的基因；假如碰見貓咪親子，則會推測毛色和花紋是怎樣遺傳下來的。

那段時間我恰巧在高中擔任生物老師，我覺得一定也要讓學生們體會一下這種樂趣，因此將貓咪的毛色和花紋遺傳當成課程教材使用，並出作業要學生們調查在地貓咪的基因，寫成報告。面對老師這般狂熱（？）的課程和報告要求，當時的高中生們熱情地參與，向我提出了各式各樣的問題。我思索著學生們的提問，以及某些單純的遺傳相關疑問，在這個過程中，就連自身的考察和推論也愈漸廣泛，且更有深度。這個部分，我非常感謝當時的學生們，謝謝他們願意認真聽課，提出種種的問題。若沒有他們的熱情和窮追不捨，我大概就不會持續採用貓咪主題的教材，更不會有機會推出這本書。在畢業多年後的同學會上，聽到大家談論著「現在看到貓咪還是會去思考牠們帶有什麼基因耶」等等的話題，讓我深覺感動，原來大家對貓咪毛色的遺傳，竟留下了這麼深刻的印象。

另外，野澤老師當時與我素昧平生，卻體貼至極地回應我的提問、贈送論文選集，百般親切地指導我、鼓勵著我前進。實在承蒙了老師的照顧。我想藉此機會致上由衷的謝意。

這一路以來，許多人都曾為我提供貓咪的照片，或提供我貓咪出沒地點的情報，這對收集資料和持續研究大有助益。非常謝謝各位。

第三部分所刊登的貓咪骨骼標本，是我在栃木縣立博物館任職時期製成的，很感謝博物館同意我刊出照片。

在製作這本書的過程中，化學同人編輯部的後藤南編輯對我照顧有加。編輯部希望能夠透過這些書頁，向世間推出一本不只漂亮，而且是以遺傳這樣的觀點為主軸的貓咪書籍。在這般熱忱的推波助瀾之下，連研究者都沾不上邊的我，接下了這份任務。我的原稿盡是文字又很乏味，最終能夠變成這樣一本富有圖示和圖解、色彩繽紛又容易閱讀的書籍，全都必須歸功於後藤編輯。他提供實用的意見和指示，教導我如何讓普羅大眾更加容易吸收與理解。

若本書能讓許多人體會到貓咪毛色和花紋遺傳的趣味性，那便是我無上的幸福。

淺羽　宏

二〇一九年七月

■作者　淺羽　宏

1952年生於東京都板橋區。於東京教育大學理學部主修生物學科動物學畢業，同校研究所碩士課程修畢。曾於東京都立高中、東京學藝大學附屬高中等處任職，屆齡退休。曾於東京學藝大學理科教員高度支援中心任職，目前為栃木縣立博物館約聘學藝員、東京電氣通信大學非常任講師。從教職時期開始製作鳥類、哺乳類的骨骼標本。曾於栃木縣立博物館解體百餘隻個體，製成骨骼標本。曾經組成野豬、浣熊、貓、狗等動物的全身骨骼標本。為一兒兩女的父親。興趣是造訪日本百大名城、跑馬拉松、登山。

貓咪花色圖鑑

看懂超有趣的貓咪遺傳學！

2020年3月1日初版第一刷發行

作　　者　淺羽　宏
譯　　者　蕭辰倢
編　　輯　曾羽辰、邱千容
美術編輯　黃瀞瑢
發 行 人　南部裕
發 行 所　台灣東販股份有限公司
＜地址＞台北市南京東路4段130號2F-1
＜電話＞(02)2577-8878
＜傳真＞(02)2577-8896
＜網址＞http://www.tohan.com.tw
郵撥帳號　1405049-4
法律顧問　蕭雄淋律師
總 經 銷　聯合發行股份有限公司
＜電話＞(02)2917-8022

國家圖書館出版品預行編目(CIP)資料

貓咪花色圖鑑：看懂超有趣的貓咪遺傳學! / 淺羽宏著；蕭辰倢譯. -- 初版. -- 臺北市：臺灣東販, 2020.03
112面；18.2×18.2公分
ISBN 978-986-511-266-0（平裝）
1.貓 2.動物遺傳學
437.363　　109000948